유전학 최초의 노벨상 수상자

모건

Thomas Hunt Morgan

Pioneer of Genetics

by

Ian Shine and Sylvia Wrobel

유전학 최초의
노벨상 수상자

모건

이언 샤인·실비아 로벨 지음
한국유전학회 옮김

전파과학사

우리를 있게 한

우리의 부모님들께

이 책을 바친다.

- 이언 샤인 · 실비아 로벨 -

유전 현상의 근본 원리는 매우 단순하므로

우리는 유전의 본체에 접근할 수 있을 것이다.

우리는 지금까지 무지의 소치로

유전 현상을 불가사의한 것으로만 받아들였다.

이러한 견해는 생물학이

과학의 정수가 될 수 없다고 여기는

일부 어리석은 사람이 있는 과학계에

새로운 생각을 불러일으킬 것이다.

- 토머스 헌트 모건 -

멘델이 완두를 재료로 유전 법칙을 발견해 유전학을 창시했고, 또 생물학을 계량 분석적 학문으로 발전시키는 데 공헌했다면, 모건은 초파리를 재료로 멘델의 유전 법칙을 실증했고, 나아가서 멘델이 예측했던 유전자가 염색체에 존재하고, 그 존재 방식은 염색체에 일정한 순으로 배열되어 있음을 밝혔다. 그뿐만 아니라 모건은 초파리의 교배 실험을 반복하면서 유전자 재조합이 생기는 원인과 그 빈도로 염색체 지도를 작성하는 방법도 고안했다. 그는 이와 같은 업적으로 1933년에 유전학자로서는 최초로 노벨상을 수상한 기록도 남겼다. 오늘날 초파리의 유전학적 연구는 현대 유전학의 발전에 절대적인 공헌을 했고, 이와 같은 초파리 연구의 기원이 바로 모건의 업적이라 할 수 있다.

따라서 멘델의 학문을 계승하여 멘델 법칙을 세상에 널리 알리고 한 단계 발전시킨 모건의 유전학적 업적과 생애를 소개하는 이 책을 본 학회에서 발간하게 되어 매우 뜻깊다.

모건은 발생학에서 출발해 발생과 유전을 학문적으로 접목하기 위해 노력했으며, 그가 일생 동안 유전학의 거성들인 멀러, 델브뤼크, 비들, 스터트번트, 브리지스, 도브잔스키 등 많은 유전학자를 양성한 점도 교육자로서 빼놓을 수 없는 업적이다. 훌륭한 선생이 훌륭한 제자를 만든다는 평범한 진리를 새삼 깨닫게 된다. 모든 독자가 이 작은 책을 통하여 보다 큰 감명을 받을 수 있기를 기대한다.

본 학회의 발전을 위하여 이와 같은 출판 사업을 계획하고, 또한 직접 번역해 주신 회원 여러분과 출판에 협력해 주신 모든 분에게 학회를 대표하여 감사드린다.

1995년 1월 4일
한국유전학회 회장
서울대학교 사범대학 생물교육학과 교수
정해문

원저에 대하여

원저는 과학사학자인 샤인과 로벨이 저술하여 모건의 고향 렉싱턴에 있는 켄터키 대학교 출판부에서 1976년에 출판한 『Thomas Hunt Morgan-Pioneer of Genetics』이다. 이 책은 미국 독립 200주년 기념사업의 하나로 출판되었으며, 9장 160쪽으로 되어 있다.

이 책의 내용이 훌륭할 뿐더러 후진의 교육에 가치가 있다고 판단되어 한국유전학회에서는 수차례의 심의를 거쳐서 이를 번역하기로 결정했다. 한국유전학회의 기존 방침에 따라서 36명의 회원이 분담하여 번역한 후 내용의 통일성을 기하기 위해 이를 출판위원회에서 가필·정정했다.

1995년 1월 4일
한국유전학회 출판위원장
한양대학교 자연과학대학 생물학과 교수
박은호

번역자 명단(가나다순)

강문주 교수(전 광주교육대학 과학교육학과)

강순자 교수(이화여자대학교 사범대학 과학교육학과)

강신성 교수(경북대학교 자연과학대학 생명과학부)

김근 교수(수원대학교 공과대학 유전공학과)

김길웅 교수(대구대학교 자연과학대학 생물학과)

김대일 교수(목원대학교 이과대학 생물학과)

김동수 교수(부경대학교 수산과학대학 양식학과)

김영호 교수(수원대학교 자연과학대학 생물학과)

김온식 교수(공주대학교 사범대학 생물교육학과)

김욱 교수(단국대학교 자연과학대학 생물학과)

김원선 교수(서강대학교 이과대학 생물학과)

김지영 교수(경희대학교 자연과학대학 유전공학과)

김한집 교수(아주대학교 자연과학대학 생물학과)

김혜영 교수(동국대학교 생명자원과학대학 응용생물학과)

민경희 교수(숙명여자대학교 이과대학 생물학과)

박용구 교수(경북대학교 농과대학 임학과)

박은규 교수(원광대학교 사범대학 생물교육학과)

박은호 교수(한양대학교 자연과학대학 생물학과)

방재욱 교수(충남대학교 자연과학대학 생물학과)

배영훈 교수(조선대학교 의과대학 생물학교실)

백상기 교수(충남대학교 자연과학대학 생물학과)

서봉보 교수(경북대학교 자연과학대학 생명과학부)

성기창 교수(전 성균관대학교 자연과학대학 생물학과)

안태인 교수(서울대학교 생명과학부)

유미애 교수(부산대학교 자연과학대학 분자생물학과)

유향숙 교수(한국과학기술원 생명공학연구소 분자생의학 그룹)

이길재 교수(한국교원대학교 저 13대학 생물교육학과)

이석우 교수(한서대학교 총장)

이승휘 교수(호남대학교 자연과학대학 생명과학과)

이원호 교수(부산대학교 자연과학대학 생물학과)

이정주 교수(서울대학교 생명과학부)

이하규 교수(성심여자대학교 자연과학대학 생물학과)

이호주 교수(강원대학교 자연과학대학 생물학과)

임낙용 교수(전북대학교 사범대학 생물교육학과)

임정빈 교수(서울대학교 생명과학부)

최영 교수(연세대학교 이과대학 생물학과)

편집진

출판위원장

박은호 교수(한양대학교 자연과학대학 생물학과)

출판간사

방재욱 교수(충남대학교 자연과학대학 생물학과)

차례

모건 전기의 발간에 부쳐서

　샤인과 로벨이 저술한 토머스 헌트 모건의 전기는 그를 한 인간, 나아가 시민, 과학자, 교수, 행정가, 남편, 부모, 친구로서 가장 잘 표현한 일대기로 오랫동안 우리의 기억 속에 남게 될 것이다. 그러나 그중에서도 가장 중요한 것은 모건이 20세기 초반의 생물학을 빛낼 만한 가장 중요한 연구 업적을 남겼다는 사실이다. 모건은 50년 이상의 학문 생활을 통해 자신의 연구뿐 아니라 후대의 유전학자들이 더 좋은 연구 기회를 가질 수 있도록 이끌어 주었다.

　내가 그를 처음 알게 된 때는 모건의 나이가 60대 중반이었다. 다른 사람들은 대개 은퇴를 고려하는 나이였지만 그에게는 새로운 일을 시작하는 시기였을 뿐이었다. 그 당시 그는 미국 과학계에서 권위자가 되어 있었으며, 나와 함께 코넬 대학교에서 박사 학위를 받은 에머슨과는 여러 가지 면에서 닮은 점이 많았다. 모건 연구팀은 초파리를 유전학 연구에서 중요한 실험 재료로 정착시켰고, 에머슨과 그의 동료들은 옥수수로 그와 같은 유전학적 연구를 수행하고 있었다. 이 두 사람은 모두 겸손하고 열정적이고 창조적인 과학자들이었다.

나는 1931년 국가연구협회 연구원으로서 캘리포니아 공과대학에서 1935년까지 근무했다. 거기서 나는 모건 연구팀의 초기 멤버로 활동하게 되었는데, 이 연구팀은 전공이 다른 생물학자들뿐 아니라 생화학자들과도 의견을 교환할 수 있도록 창설된 생물 과학의 통합 연구팀으로서 그당시 미국에서는 유일한 것이었다.

얼마 동안 다른 연구소에서 생활하고 난 후 나는 1946년(모건이 서거한 후 1년 뒤)에 캘텍으로 돌아와 모건이 초창기 20년간 재직했던 부서의 책임자가 되었다. 그때까지 모건이 설립한 연구 부서는 건재했고, 나는 이 부서를 유지해 나가는 일을 맡았다. 나는 1961년에 캘텍을 떠났지만 후에 이 단체 이사회의 이사로서 역할을 수행했다. 그 덕에 결국 40년 이상을 모건이 창설한 연구팀에 참여하여 모건 스타일의 연구를 지켜볼 수 있었다.

모건이 연구 생활을 하는 동안에 탄생한 유전학은 학문 분야별 공동 연구가 수행될 수 있는 단계까지 발전했다. 모든 생물의 유전적 토대로서 DNA의 인식과 DNA의 분자적 구조 및 복제 메커니즘에 관한 이해는 생물학 발전의 전환점이 되었다. 이러한 전환점의 중요성과 의미에 대한 가치를 오늘날 권위 있다고 자처하는 생물학자나 생화학자, 의학자, 심지어 과학 문외한이라 할지라도 인정하지 않을 수 없을 것이다.

모건은 개인과 연구 단체에 학문적인 자극을 제공했고, 7개의 노벨상이 그가 설립한 단체에서 일했던 생물학자들에게 수여되었다. 이 연구 단체의 생물 분야 연구원 11명은 국립과학아카데미의 회원이었으며, 여기에 생화학 분야의 연구를 위해 화학 분야에서 2명의 연구원이 동참하고 있었다.

현재의 생물학 분과장인 신시어머는 기초행동과학 분야를 주목할 만하게 강화하고 발전시켰으며, 생물 분과의 호로비츠는 정부 후원을 받고 있는 젯 프로파슬런 연구실과 공동으로 태양계의 행성들, 특히 화성에서 현재와 과거의 생명 존재 가능성을 연구하고 있다.

과학의 영역이 더 확대됨에 따라 생물학의 발전도 가속화되고 있다. 한 예로서 1976년 6월 발간된 미국 국립과학아카데미의 논문집에 실린 논문 통계 조사 결과, 이 잡지에 실린 85편의 과학 논문 중 76편이 생물학과 의학에 관련된 것이었다. 이 가운데 40편은 유전학과 관련된 내용들이었다.

모건의 과학적 유산은 실로 위대하여, 그의 업적에 대해 절대적인 평가를 내리는 일은 불가능할 것이다.

1976년 가을
조지 W. 비들

100년 전만 해도 유전학이라는 학문은 이 세상에 존재하지 않았다. 유전자와 염색체를 몰랐을 뿐만 아니라 수정에서 정자와 난자의 정확한 역할을 이해하지 못하고 있었다. 인류는 악어가 나일강의 진흙에서 저절로 생겨나고, 벌레가 말갈기에서 자라나며, 먼지에서 세균이 생겨난다고 믿어 왔다. 종의 자연 발생을 반박했던 다윈조차 형질이 어떻게 유전되는지 이해할 수 없었다.

근대 유전학은 1900년에 시작되어 점차 과학으로서의 면모를 갖추게 되었고, 연구가 증대하면서 자연의 신비가 벗겨지게 되었다. 유전 기구의 기본적 원리가 밝혀지면서 유전자가 자기 복제하는 방법과 단백질이 만들어지는 과정이 발견되었으며, 유전자 자체의 정확한 구조도 드러났다. 그리고 인류의 유연관계와 모든 생물체의 통합성이 확립되었다.

유전학 분야의 과학자들에게 수여된 노벨 의학상의 엄청난 수적 증가는, 유전학이 모든 미래 생물학의 기초가 되며 100년 전에 라틴어가 그러했듯이 교육을 받은 사람들의 필수적인 언어처럼 되리라는 신호 같았다.

그러나 고수확, 질병 저항성 농작물의 경작이 보편화되고, 최근에 사산과 유아 뇌 손상의 주원인이 되는 Rh- 부적합성이 거의 사라지는데도 불구하고, 현재 유전학은 인류에게 실질적인 혜택을 주지 못하고 있다. 그러나 가까운 장래에 유전학은 인류에게 상상을 초월한 혜택을 안겨 줄 것이다.

유전학에서 첫 번째 노벨상 수상자인 모건은 잘 알려진 켄터키 가문에서 태어나 자랐으며, 지방 학교(그중 하나가 나중에 켄터키 대학교가 됨)에서 기본 교육을 받았다. 이처럼 켄터키와 인연이 있고, 노벨상을 받은 유일한 켄터키 사람임에도 불구하고, 모건은 그들의 후손들에게는 잘 알려지지 않았다.

켄터키를 떠나 타향으로 간 그는 일에 열중하고 시간을 아끼고자 가족들이 그에게 오도록 했다.

나중에 가족 대부분이 죽고, 그가 유명해진 후에도 그는 초대받은 명예로운 자리에조차 부끄러워하며 참석하지 않았다. 만일 그가 1936년에 그의 70회 생일을 축하하는 자리를 거절해 켄터키 사람들의 마음을 상하게 했다면, 그들은 그가 3년 전에 같은 이유로 스톡홀름에서의 노벨상 수상 축하식에도 참석하지 않았음을 상기하면 된다. 그때 그는 기조연설을 거절하고 그 대신 연구를 계속했다.

모건은 그의 인생과 감정을 이웃과 나누지 않았던 비사교적인 사람이었다. 그리고 켄터키 사람들은 또 다른 장벽도 직면해야 했다. 모건에게 접근하려는 과학자는 그의 아저씨인 존 헌트 모건 — 그는 남북 전쟁 참전자였으며, 남부 연방의 영웅이었다 — 을 거쳐야 했던 것이다. 그 아저씨에 대한 이 지역 사람들의 선입견은 1975년 켄터키 대학교에 신축한 생물학관의 개관식에서도 드러났다. 이 건물은 켄터키의 가장 유명한 생물학자인 모건의 이름을 따서 명명되었는데, 한 TV 리포터가 그 건물은 렉싱턴의 유명한 존 헌트 모건을 기념하여 이름 지었다고 오보할 정도였다.

켄터키에서 모건은 자연에 대한 사랑을 배웠으며, 이를 바탕으로 전 생애를 생명 현상의 탐구로 보냈다. 그는 원래 동물학자로서 난자가 발생, 분화하는 기적을 밝혀 보려고 했다. 그는 기적을 믿지 않았으므로 난자를 기계로 보고 그 일부를 분해하여 분화의 기적을 이해하려고 애썼다.

이 책에서 우리는 한 사람의 인생을 조명하고자 한다. 그의 친구인 켄터키 사람들뿐 아니라 그의 동료 과학자들도 잘 모르는, 즉 유전학에서 그의 눈부신 업적 뒤에 숨어 있는 여러 가지 사실들을 조명하여 한 인간의 업적에 담긴 역사성에 대해 알아보고자 한다.

✦

Thomas Hunt
Morgan

1
렉싱턴

> 모건이 죽은 후에, 나는 그의 고향을 찾을 기회가 있었다.
> 그곳에서 흥미로운 사실들을 알게 되었으며,
> 이를 통해서 그의 성격의 많은 부분을 이해할 수 있었다.
>
> - 줄리언 헉슬리 -

1933년에 모건(Morgan)은 유전에 대한 염색체설을 인정받아 노벨 생리의학상을 수상했다. 컬럼비아(Columbia) 대학의 초파리 연구실에서 그와 그의 공동 연구자들은 유전학이란 이름의 새로운 과학 기틀을 마련했으며, 이는 근대 생물학에 혁명적인 사건이었다.

모건이 1928년 새로운 생물학 분과의 책임자로 부임한 캘리포니아(California) 공과대학에서 그의 공동 연구자들은 그를 회견하기 위해 모건의 실험실에 온 신문기자로부터 그의 노벨상 수상에 관한 이야기를 들었다. 캘텍(Caltech: 캘리포니아 공과대학) 이사회에서 그에게 시상식 참석을 강력히 권고했음에도 불구하고 모건은 스톡홀름(Stockholm)의 공식적인 시상식에 참석하지 않았다. 그는 생물학과에 약간의 교수를 보충하고 옛 친구를 방문하기 위해 스칸디나비아(Scandinavia)로 여행을 계획한 다음 해에 방문하면 안 되겠느냐고 노벨상 위원회에 문의했다. 다음 해인 1934년 4월에, 모건과 그의 부인은 4명의 아이들 중 막내를 데리고 대서양을 횡단하기 위해 마제스틱(Majesthic)호에 올랐다.

모건은 뉴욕에서 위버(Weaver)를 만나 지난 이야기로 밤을 지새웠다. 위버가 회상하기를, 저녁 무렵 모건이 낡은 외투를 입고서 문 앞에 나타났다. 그의 한쪽 주머니에는 신문지에 싼 빗, 면도칼, 칫솔이 있었고, 다른 주머니에는 양말이 있었다. "더 이상 뭐가 필요하겠소?" 하고 그는 놀란 위버 부인에게 되물었다.

모건은 67세가 될 때까지 흰머리도 별로 없었고, 키도 6피트나 되었으며 몸매가 곧았다. 그의 눈은 총명하고 푸르렀다. 그는 항상 병 없이 건강하게 지냈으나 11년 후에 위궤양을 한 번 앓고는 이 세상을 하직하게 된다. 그는 항상 낙천적이었고 자기 연구에 열심이었다. 위버는 아끼는 브랜디를 내놓았다.

"당신이 1865년에 태어난 게 사실이야?" 하고 위버는 물었다. 그가 대답했다. "아니, 1866년이야. 하지만 1865년에 터를 잡긴 했어." 유전학자들에게는 그해가 유전학의 터가 잡힌 중요한 해로, 바로 멘델(Mendel)이 유전의 기본 법칙을 발견한 해였다. 완두를 가지고 실험한 멘델의 유전 법칙에 관한 논문은 모건이 출생한 해에 출판되었다. 그러나 이 논문은 모건이 브린 모어(Bryn Mawr) 대학에서 생물학 교수로 있던 1900년까지 생물학자들에 의해 재발견되기를 기다려야 했다.

1865년은 모건 생애에 있어 또 다른 면에서 중요한 해로 기록될 만하다. 그해는 남북 전쟁이 끝난 해였으며, 이 전쟁에는 그의 많은 가족이 관련되어 있었다. 모건을 개인적으로 잘 알고 있는 사람들과 그와 이야기를 나눈 사람들은 모건이 부드럽고 친절한 인상의 영국 귀족인 카발리에(Cavalier) 혈통을 이어받았다고 말한다. 그리고 모건은 앵글로색슨(Anglo-Saxon)족 대다수에 영향을 미치는 웰스(Welsh) 혈통을 지닌 것으로 알려졌다. 그러나 켄터키(Kentucky)에 있는 그의 고향을 생각해 보면, 정확한 그의 가계에 대한 사실을 알 수 있다. 모건이란 이름은 그의 아저씨 대에서부터 찾아볼 수 있다. 모건의 나이 70세인 1936년, 켄터키 대학은 그에게 훌륭한 업적을 남긴 졸업생에게 주는 훈장을 수여했는데, 지금까지도 그는 켄터키 사람 중 유일한 노벨상 수상자로 기록되고 있다. 그는 22권의 저서와 약 370편의 논문을 썼다. 전 세계의 생물학자들이 그의 실험실을 보기 위해 모여들었으며, 알베르트 아인슈타인(Albert Einstein) 같은 과학자들이 그의 식탁 의자에 앉아 보곤 했다. 그는 근대 유전학의 아버지였다. 1936년 9월 25일 자『렉싱턴 헤럴드(Lexington Herald)』톱 기사는 축하 계획을 발표했다. 첫 번째 큰 제목은 "남부 연방 영웅의 조카인 모건이 오늘 훈장을 받게 된다"는 내용을 담고 있었다.

그의 아저씨인 "남부 연방의 영웅"이란 바로 남북 전쟁 때 남군 쪽에 지대한 공을 세운 육군 준장 존 헌트 모건(John Hunt Morgan)이었다. 켄터키는 공식적으로는 유니온 스테이트(Union State)였으나 전쟁 후에 이 주의 영토는 남쪽으로 확대되었다. 이때의 대표적인 전설 중 하나가 존 헌트 모건이라는 사람이었다. 모건은 지고 있는 전쟁에서 사람들을 모았다. 또한 오하이오(Ohio) 북부 연방의 형무소에서 도주 후, 사람들을 재집결해서 전쟁에 참가토록 했다. 모건 장군은 토머스 헌트 모건이 태어나기 2년 전에 전사했으나 그의 명성은 오랫동안 기억되고 있다. 그러나 톰의 아버지인 찰튼(Charlton)만큼은 아니었다.

모건의 증조할아버지인 존 웨슬리 헌트(John Wesley Hunt)가 뉴저지(New Jersey)의 트렌턴(Trenton)에서 렉싱턴(Lexington)으로 이사한 1795년부터 모건가는 켄터키에 살게 된다. 그는 작은 상점을 시작하며 장삿길로 들어섰다. 그리고 오래지 않아 켄터키의 중심가에서 첫째가는 백만장자가 되었다. 1814년에 그는 톰이 태어난 정든 집인 호프몬트(Hopemont)를 지었고, 그 집은 렉싱턴의 밀(Mill)가와 2가의 교차하는 지점에 지금도 그대로 서 있으며, 군인인 모건 아저씨와 과학자 모건의 기념물로 유지되고 있다.

존 웨슬리 헌트의 딸인 헨리에타(Henrietta)는 아버지 사업과 관계가 있는 앨라배마(Alabama)의 헌츠빌(Huntsville) 출신 사업가 캘빈 C. 모건(Calvin C. Morgan)과 결혼했다.

렉싱턴 교외에 있는 테이트 크릭(Tates Creek)가의 큰 농장에서 모건은 6명의 아들과 아름다운 두 딸을 얻으며 모건가를 이룬다. 톰의 아버지인 찰튼 헌트 모건은 4번째 아들이었고, 큰형인 존 헌트보다 15살 어렸다. 찰튼은 잘생기고 총명한 야심가였다. 그는 20살에 호프몬트 인근의 트란실바니아(Transylvania) 대학을 졸업했다. 형은 사업을 하고 있었지만 그는 메시나(Messina)에 미국 영사로 부임했다. 그리고 1859년에 혁명이 시작되는 시실리(Sicily)에 도착하여 민족주의 편에 섰다. 그는 가리발디(Garibaldi) 정부를 인정하는 첫 번째 영사가 되었으며, 미국 영사의 가리발디 정부 고문으로서 싸웠으나 부상을 당했다.

그 전쟁이 끝나자, 미국의 남북 전쟁이 시작됐다. 찰튼은 고향으로 돌아와서 존 헌트 모건이 이끄는 기병대의 대위로 복무하며 형 존을 도와 1862년과 1863년에 일어났던 대부분의 전투에 참가했다. 그는 한 번 부상당하고 세 번이나 붙잡혔으나 북군 장교와 포로로 교환되었다.

모든 모건가 청년들은 존 헌트와 함께 싸웠는데, 단지 한 사람 토머스 모건(Thomas Morgan)만 19살 되던 해에 전사했다. 토머스 모건은 남부 연방군에 최초로 자원했으며, 위험에 노출되는 것을 즐거움으로 여기듯 용감하게 싸웠다. 포로로 잡히기도 하고, 감옥에 갇히기도 하고, 또 포로로 교환되기도 하면서 또다시 전투에 나섰다. 1863년 7월 켄터키주 레바논(Lebanon)에서 소규모 전투가 있었는데, 존 헌트는 토머스의 무모한 용감성 때문에 그를 전선에서 제외시켰다. 그러나 공격이 시작되자 토머스 중위는 용감하게 돌격했고, 적의 총알이 심장을 관통했다. 찰튼은 그의 죽음에 비통해하며 어머니에게 다음과 같이 편지를 썼다. "톰의 죽음으로 제 미래의 행복은 영원히 망가졌습니다. 나는 그를 다른 형제 누구보다도 사랑했습니다."

며칠이 지난 후 존 헌트 모건과 부하들은 오하이오주까지 밀고 올라간 전투에서 포로가 되고 말았다. 수염과 머리가 깎인 채 콜럼버스

(Columbus)에 있는 오하이오주 교도소에 수감되었으나, 나중에 다른 형제들과 부하 장교들의 도움을 받아 존 헌트 모건은 탈출에 성공했다. 이때의 이야기는 훗날 유전학자가 된 어린 토머스 헌트 모건(Thomas Hunt Morgan)에게는 잊을 수 없는 추억거리가 되었고, 그의 자녀들에게까지도 전해 내려졌다.

탈출에 성공한 존 헌트는 다시 전투에 참가했는데, 예전과 같은 성공은 거두지 못했고, 부하들의 기강도 해이해져 갔다. 한편 찰튼과 형제들은 존의 탈출을 도운 벌로, 더욱 심하게 감시를 받으며 감옥에 갇혀 있었는데 모두 비참한 생활을 했다. 그의 어머니가 보내는 편지는 검열을 받았고, 그마저도 어쩌다 한 번 불규칙적으로 배달될 뿐이었다. 그 와중에도 찰튼은 볼티모어(Baltimore)에 사는 엘런 키 하워드(EIIen Key Howard)와 진지하고 애정에 찬 편지를 계속 주고받았다.

체포된 지 거의 1년이 지난 1864년 3월, 찰튼은 정규군 포로 수용소인 포트 델라웨어(Fort Delaware)에 이송되었다. 그리고 1864년 9월 4일 테네시(Tennessee)주 그린빌(Greeneville)에서 존 헌트 모건이 죽었다는 소식을 받았다. 그때까지도 그는 감옥 생활 중이었다. 찰튼은 포로 생활을 한 지 약 2년 만인 다음 해 2월에야 석방되었다. 그즈음 바실 듀크(Basil Duke)가 모건 대신 지휘권을 맡고 있던 버지니아(Virginia)로 갔는데, 리(Lee) 장군이 아포메톡스(Appomattox)에서 항복하여 전쟁은 끝이 났다. 모든 사람들이 고향으로 돌아가게 되었다.

1865년 12월 7일, 찰튼과 넬리(Nellie)라 불리던 엘런 키 하워드는 볼티모어의 수백 명 유명 인사들이 모인 가운데 성대한 결혼식을 올렸다. 엘런 키 하워드는 어머니 쪽으로는 미국 국가 작사자로 유명한 프랜시스 스콧 키(Franxis Scott key)의 손녀고, 아버지 쪽으로는 독립 전쟁 영웅이자 1788년부터 1791년까지 메릴랜드(Maryland) 주지사를 지낸 존 이거 하워드(John Eager Howard)의 손녀였다. 그녀는 전형적인 남부 여인이었다. 부부는 결혼 후 호프몬트로 되돌아갔다.

1866년 9월 25일, 미래의 과학자요, 노벨상 수상자인 토머스 헌트 모건은 대가족에 둘러싸여, 가족 사이에 전해져 내려오는 전설적인 이야기로 가득 찬 웅장한 집에서 태어났다.

그 집에서 5년 동안 산 후, 호프몬트 집 바로 뒤로 이사했고, 톰이 4살이 되던 해 아우 찰튼(Charlton)이 태어났고, 톰이 7살이 되자 여동생 엘런 키 하워드 모건(Ellen Key Howard Morgan)이 태어났다.

찰튼은 워싱턴 정치계에서 발판을 마련해 보고자 필사적인 노력을 했다. 모건가는 그들의 가세가 기운 후에도, 오랫동안 남부적 귀족 사회의 관습과 전통의 맥을 이어 가는 생활을 했다.

찰튼은 정치계에서 별다른 성과를 올리지 못하자, 대신 옛 전우들에게 편지를 쓰고, 그들만의 모임을 조직하는 일에 전념하게 되었다. 그런 모임은 오랫동안 계속되었다. 그 첫 번째는 톰이 한 살 반이었을 때로, 존 헌트 모건 장군과 토머스 모건 중위의 유해를 렉싱턴 가족 묘지로 이장하기 위해 옮겨 왔을 때였다. 두 번째는 톰이 대학 2학년 때로, 수백 명의 옛 전우들이 야영을 하러 마을로 요란하게 들어왔다. 장군의 유일한 생존 자녀인 조니(Johnnie)는 19살이었는데, 당시 이미 군사 훈련을 사열했고, 아버지의 이름으로 선물을 받는 영예를 안았다. 마지막 세 번째인 톰은 집에 오지 않았는데, 그때 톰은 40대였고, 후에 노벨상을 안겨 줄 연구를 시작하던 참이었다. 톰이 뉴욕(New York)에서 연구하던 그때, 렉싱턴에서는 남부 연방군의 번개라 불린 존 헌트 모건의 말 타는 모습 동상 개막식이 있었다. 이 조각은 아직도 렉싱턴 법원 앞에 서 있다.

톰의 유년기와 청년기를 통틀어 그의 삼촌인 존 헌트 모건은 항상 그의 기억에 남아 있었다. 톰이 학교에서 돌아오면 존 헌트 모건 휘하에서 같이 싸웠던 옛 연방군 전우들이 집을 방문하곤 했고, 그의 부모는 이 사람들을 항상 친절하게 맞았다. 존 헌트 모건에 관한 기억은 그에 대한 찬양, 저술, 노래뿐이 아니었다. 존과 함께 전투에 참가했다고 주장하는 사람들의 기념일, 혹은 장례를 접할 때마다 모건 돌격대의 신화 같은 활약이 다시 생생하게 떠오르는 것이었다. 후일 모건과 함께 했던 동지들의 수가 줄어듦에 따라, 모건이 탔던 말에 편자를 박아 주었다는 사람의 죽음까지도, 모건의 공훈과 신화를 회상하는 계기가 되기에 충분했다. 이런 일련의 사건들은 모건 가족이 민감하게 여겼던 일, 즉 모건이 남부 연방군의 진정한 영웅이었는지, 아니면 군 내부의 실패자 혹은 그저 악당이었는지에 대한 평가를 가리는 작업을 하는 데 걸림돌이 되었다.

그러나 옛날 일에 관심을 쏟는 것은 그의 부모였고, 토머스 헌트 모건은 연구를 시작한 이상 그 무엇이든 간에 과거사에 연연할 시간이 없었다. 심지어 그가 소년이었을 때도 과거의 일은 별 의미 없는 날들이었던 것 같다. 톰은 어릴 적부터 자신의 관심사만을 추구했다. 모건가와 하워드가에서 그와 같은 사람은 없었다. 그는 여기저기를 돌아다니는가 하면, 책벌레이기도 했고, 포충망을 가지고 다니기도 했다. 그는 렉싱턴의 친구들과 볼티모어의 사촌들을 불러 모아, 렉싱턴 교외나 메릴랜드주 오클랜드(Okland)에 있는 하워드가의 여름 별장 가까이 있는 산으로 채집을 나서기도 했다.

그의 과학적 기술은 세련된 것은 아니었다. 한번은 사촌인 존 헌트 모건과 고양이를 해부하다가 고양이가 깨어나 테이블을 박차고 달아난 적도 있었다. 톰이 10살쯤 되었을 때, 브로드웨이(Broadway)가에 있는 집의 다락방 2개를 쓰게 되었다. 그는 이 방에 페인트칠을 하고 벽지를 바른 후, 세심하게 분류 표시를 한 새의 박제, 새의 알, 화석, 돌 등의 채집품과 자연에서 그의 시선을 끄는 것이면 무엇이든 모아서 두었다. 이 방들은 그에게는 특수한 영역이었다. 모건가의 세 자녀 중 막내이며 톰의 누이인 넬리가 평생을 이 집에서 살다가 1956년에 죽었을 때까지도 이 방에는 톰의 채집품이 소장되어 있을 정도로 다른 식구들은 그 물건들에 손을 대지 않았다.

헌트, 모건, 키, 하워드의 가계는 훌륭한 사업가, 외교관, 법률가, 군인들을 배출했다. 그러나 가문을 통틀어 과학자라고는 없었다. 오늘날의 유전학 용어—모건 자신이 이 용어를 정립하는 데 기여했다—로 표현하자면 그는 아마 새로운 돌연변이 인간이었는지도 모른다.

1880년 열네 번째 생일 1주일 후에 톰은 렉싱턴 소재 신설 켄터키 주립대학의 예비 과정에 등록했다. 이 대학은 켄터키 블루그라스(Kentucky Bluegrass) 지역 모든 고등 교육의 특성이었던 장기간의 개편, 흡수, 분리 과정을 겪은 후에 마지막으로 생긴 것이었다. 이 주립대학이 나중에는 켄터키 대학교가 되었지만, 톰이 입학한 시기는 매우 혼란스러운 때였다.

1880년에는 학생 234명과 교수 17명이, 현재는 우드랜드 공원(Woodland Park)이 된 곳의 세든 건물 한 동에서 북적거렸다. 지하실에서 다락방에 이르기까지 모든 방이 강의실과 연구실로 사용되었다. 도시 쪽으로 4분의 3마일 떨어진 곳에 있는 메이슨(Mason)가로부터 방 3개를 더 빌려서 상학과, 화학과 및 사대가 들어갔다. 렉싱턴은 옛 경마장을 희사하여 새 캠퍼스로 쓰도록 했으며, 현 본부 건물은 건축 중이었다. 그러나 2년 후 톰이 학부 1학년에 진급한 1882년에도 시설은 극도로 불충분했다.

학생들은 모두 남자였으며, 거칠고 때로는 난폭한 집단이 되곤 했는데, 시민들과 특히 신문을 구독하는 사람들은 이를 흥미거리로 보기도 했지만, 다른 한편으로는 용납하지 않았다. 학생들은 엄격한 통제를 받았는데, 모건을 포함한 모든 학생들은 사관 후보생이었으며 20달러짜리 제복을 입고(등록금은 15달러밖에 되지 않았다), 일주일에 5일간 하루 1시간씩 군사 훈련을 받아야 했다. 아침 5시 30분에 기상나팔로 하루가 시작되어, 오후 10시 소등나팔로 일과가 끝났다. 그사이 학생들은 나팔 소리에 따라 강의를 듣고 필수 과정인 일일 예배를 드리고, 도서관에 가고, 식사를 했다. 더욱이 189개 항의 규정이 명시되었으며, 교수들에게는 더 많은 조항을 생각해 낼 권리가 주어졌다(사실 권리라기보다 의무였다). 모든 학생들은 의무적으로 예배에 참석해야 했다. 학생들은 총이나 단도를 휴대할 수 없었으나 많은 학생들이 가지고 다녔다. 학장은 학생별로 교과서 외에 신문이나 책을 강의실에서 볼 수 있게 일일이 허가했다. 모건이 벌점 몇 점을 받은 것은 전혀 이상한 일이 아니며, 주로 예배에 늦거나 복도나 강의실에서 소란을 피워서 받은 것이었다.

교육 과정의 폭은 넓지 못했다. 정규 학생들은 고전과 과학 중 하나를 택했는데, 모건은 과학을 택했다. 과학 전공 교과로는 수학, 물리, 천문학, 화학, 농학, 원예학, 수의학, 문화사, 정치 경제, 철학, 라틴어, 불어(또는 독일어), 실용 기계학, 영어, 공학, 조경학 등이 개설되었다.

그러나 모건에게 있어 교육 과정의 진수는 크랜들(Crandall) 교수가 4년간 계속 강의한 자연사였는데, 크랜들 교수는 체격이 호리호리하고 수염을 길러 예리하게 보였으며, 과거 연방 지질학 탐사대에 종사한 적이 있고, 켄터키 대학에서 자연사와 많은 과학 강좌를 강의하면서 박사 학위를 마무리하고 있었다. 그는 훌륭한 자연과학자였으며 톰은 그를 좋아했다. 톰은 후일 그보다 더 나은 선생을 만난 적이 없었다고 말했다. 대부분의 미국 대학에서 그랬듯이, 자연사는 대체로 식물 계통학, 특히 비교 해부학과 분류학이었다. 동물학은 같은 식으로 개설되었으나 그 과정이 짧았다. 자연사 강의에는 건강과 인간 생리학 강좌, 특히 석탄에 관계되는 지질학, 지리학에 대한 연구도 포함되었다. 이때 농업시험소를 계획 중이던 켄터키주는 재배, 증식, 경작법, 산림과 농업의 관계 등에 관한 강좌에서 농업에 최대한 역점을 두기도 했다.

크랜들 교수의 영향으로 톰은 대학 생활 중 여름철을 메릴랜드와 켄터키에서 보내면서 연방 지질학 탐사대를 위한 일을 했다. 석탄과 광물을 찾는 덥고 먼지투성이의 현장 작업에서 따분한 화학적 분석을 하다가, 그는 지질학자가 될 팔자가 아니라는 것을 깨닫게 되었다. 이 경험에서 그의 만년에 이야기할 좋은 일화가 나왔는데, 그는 이를 더없이 멋진 켄터키 문체로 이야기했다.

16살의 대학 1학년생 모건은 멀리 떨어진 산간 시골 가게의 배불뚝이 난로 앞에 서 있었는데, 그 방에는 의혹을 품은 등산가들이 한방 가득 모여 그들 중 한 사람이 보았던 정부 배지에 관한 궁금증을 큰소리로 떠들고 있었다. 그들이 아는 한 세무관만이 배지를 달며, 석탄처럼 중요하지 않은 것을 찾아 멀리 산속까지 왔다고 주장하는 그런 부류의 사람들이었다. 톰은 방 안에 있던 바이올린 연주자에게 뱃사공 곡을 연주해 달라고 부탁하고, 적대적인 분위기가 우호적인 분위기로 바뀔 때까지 동작이 복잡하고 경쾌한 춤을 추면서 긴장감을 해소했으며 자신이 세무관이 아님을 밝혔다.

톰이 크랜들 교수 밑에서 공부하지 못한 과학은 옛 트란실바니아 대학교 의과대학의 전 학장이었던 노년의 피터(Peter) 박사 강의를 들었다. 피터 박사는 전설적인 인물로서 의사이자 역사가인 동시에 훌륭한 생물학자였고, 켄터키 최초의 지질학 탐사대 조직자이며 오하이오 밸리(Ohio Valley)에 대한 선구적인 과학자였다. 그러나 이 모든 것은 오래전의 일이었다. 만년에 모건은 분명히 원시적인 조건이었음에도 불구하고 "우리는 켄터키 주립대학에서 정말 건전한 교육을 받았으며, 교수진은 훌륭했다"고 좋게 말한 적이 있다. 그렇지만 모건이 켄터키 대학에 다닐 무렵, 이 훌륭한 교수들은 전혀 다른 방향의 이야기를 하고 있었다. 피터 박사는 화학, 동물학, 식물학 및 수의학 분야의 취약한 교과 과정을 확충하기 위해 교수 한 명을 더 임명하는 것에 반대했다. 패터슨(Patterson) 총장은 피터 박사가 화학의 새로운 발전을 따라갈 수 없고, 그의 강의는 시대에 50년이나 뒤떨어진 것이라고 생각했으며 실제로 그렇게 말했다. 더욱이 그는 반귀머거리에 반봉사였으며, 학생들을 통제할 수 없었기 때문에 그의 강의실은 언제나 북새통이었다. 이 논란은 모건의 재학 시절에 시작되어 그가 졸업하기 직전인 1887년에 피터 박사를 명예 교수로 내쫓듯 추대함으로써 끝이 났다. 그는 실험실을 가질 수는 있었으나 강의는 할 수 없었다.

톰이 졸업한 다음에 크랜들 교수는 이 대학 과학 교육 과정의 성공 여부와 운영에 관해 자신의 생각을 털어놓았다. 그런데 불행하게도 그가 속마음을 털어놓고 이야기한 친구는 신문기자였다. 인근에 있는 소도시 윈체스터(Winchester)의 한 신문이 이 대학의 운영은 형편없으며 특히 과학과가 그렇다고 보도했다. 1889~1890년의 주 의회는 조사를 요구했으며, 패터슨 총장이 과학을 너무나 소홀히 했다고 비난하는 크랜들과, 자신은 그러지 않았으며 이런 비난은 교육을 옳게 받지 못한 양키 크랜들이나 함직한 일이라고 되받아치는 패터슨 사이에 신랄한 공방전이 이루어졌다. 패터슨은 마지못해 크랜들이 교수로서 훌륭한 자질을 갖추었다는 데 동의했으나 그가 없었다면 과학과가 훨씬 더 나아졌을 것이라고 생각했다.

폭 좁은 교과 과정, 교수들과 본부의 마찰 이외에도 모건은 대학에서 많은 문제들과 마주했다. 남부 연방 영웅의 조카라는 사실은 교수들과 급우들이 동지라면 좋았겠지만 그렇지 않은 경우에는 불리한 조건이 되었다. 예컨대, 톰의 불어 교수는 모건 특공대에 의해 신시내티(Cincinnati)에서 렉싱턴까지 90마일을 후퇴해야 했던 북군 병사 출신이었다. 그는 톰의 아저씨에 대한 앙심 때문에 톰을 낙제시키려고 했다고 말했다.

피터 박사도 존 헌트 모건에 대한 좋지 않은 추억을 갖고 있었다. 피터가 트란실바니아 대학 교수로 재직할 때 모건이 그 대학을 다녔는데, 존 헌트 모건은 성격이 활발하고 모험적이었기 때문에 매사를 참아내지 못했다. 그러나 이 대학 중퇴자는 항상 옛날의 교수를 존경했다. 불행하게도 남북 전쟁이 일어났을 때 피터 박사는 철두철미한 연방주의자였으며, 이 특공 대원을 단호히 잘라 버렸다. 피터 박사는 렉싱턴에 있는 연방군 병원 주치의였으므로 모건 장군은 남부 연방군이 이 도시를 잠시 장악할 때마다 그를 구금시킬 필요가 있다고 생각했다. 그럼에도 피터 박사는 톰을 좋아했는데 톰이 아들의 좋은 친구였기 때문이었다. 한번은 피터 박사가 이 두 소년에게 사탕무를 정선하는 실험을 하도록 한 적이 있는데 이일은 그 당시에는 화학이나 농학적 연구로 간주되었으나 오늘날에는 유전학으로 분류된다.

모건은 1886년 켄터키 주립대학에서 유일하게 이학사 학위를 받았다. 그는 교수들의 투표에서 5표를 얻어 고별사를 읽는 학생 대표로 선발되었다. 4표를 얻은 윌리엄 프리위트(William Prewitt)는 내빈에게 인사를 했다. 1886년 졸업반의 나머지 한 사람은 로버트 프리위트(Robert Prewitt)였다. 모건은 렉싱턴에서 이학사 학위를 받은 사람이 어떤 일을 하는지 알지 못했다. 그는 사업계에 투신하기 싫었으며 무슨 일을 해야 할지 몰랐기 때문에 대학원에 진학했다고 말한 적이 있다. 또, 과거 켄터키 주립대학의 과학도였던 캐슬(Kastle)이 2년 전에 존스 홉킨스(Johns Hopkins) 대학에 진학했기 때문에 존스 홉킨스 대학을 선택했다고 했다. 더욱이 볼티모어는 대대로 그의 어머니 집안인 하워드가의 고향이었으며, 하워드가는 분명히 볼티모어의 대학이 적합하다고 생각했다. 모건은 "그 당시에는 사람들이 그 지역에 훌륭한 대학이 생겨났음을 그리 높이 평가하지 않는다는 것을 전혀 알지 못했으며, 이는 그 즐거운 도시에 살던 유서 깊은 가문들 대부분이 전형적으로 갖고 있던 생각이다"라고 말했다. 하지만 이것은 문제가 되지 않았다. 모건이 그 당시 이를 알았든, 단순한 행운이었든 간에 생물학을 전공하고자 하는 사람에게 존스 홉킨스 대학처럼 좋은 곳은 별로 없었다.

◆

Thomas Hunt
Morgan

2

존스 홉킨스 대학 시절

인류의 운명은 자신의 선조들보다 자연을 더 잘 이해하고 해석할 수 있는
사람들의 손에 달려 있다. 대학의 가장 중요한 기능은 이런 사람들을 찾아내어
그들이 자신들의 역량을 마음껏 발휘할 수 있도록 발판을 마련해 주는 것이다.

– 토머스 H. 헉슬리의 존스 홉킨스 대학교 입학식사 중에서 –

1886년 19살의 모건은 매사추세츠(Massachusetts)의 입스위치
(Ipswich)에 있는 존스 홉킨스 대학의 여름 학교에서 해양생물학 공부를
하며 가을 학기가 시작되기를 기다리고 있었다. 그곳의 해양생물학 실험
실은 홉킨스 대학의 생물학 교수진이 포함된 공동 연구 체제였으므로, 모
건은 자신이 앞으로 진학하게 될 대학원 과정에서 필요한 기본적인 생물
학 실험 기법을 배우기 위해 그곳으로 갔다.

이 여름 학교는 등록한 남녀 학생 각 13명을 개별 학습해 연구 의욕을
고취시켰으며, 그 이듬해 이 해양생물학 실험실을 모체로 우드 홀(Wood
Hole) 해양생물학 연구소가 탄생했다. 이 여름 학교에서 모건은 자신의 일
에 보람과 흥미를 느끼게 되었고, 지질학을 계속 공부하기보다는 이곳에

머무르며 생물학을 연구하고 싶어 켄터키로 돌아가지 않겠다는 편지를 보냈다. 모건이 홉킨스 대학 그 자체에 무엇을 요구하고 있었든지 간에, 큰 기쁨과 만족을 느끼고 있었음에 틀림없다.

존스 홉킨스 대학은 설립된 지 10년째 되던 1886년경에는 매우 잘 짜인 교과 과정을 갖추고 있었으며, 미국뿐 아니라 유럽의 교육계에서도 널리 인정받고 있었다. 홉킨스의 교과 과정은 미국의 다른 대학들과는 달리 개인적인 창의성과 자유로운 분위기가 보장되었다. 넥타이를 매고 등교하는 사람은 거의 없었으며 종교적인 예절이나 필수 과목에 대한 강요 또는 지역 파벌 등을 완전히 배제하고 있었다. 홉킨스 대학의 이러한 분위기는 길먼(Gilman)이라는 창의력이 풍부한 총장 덕분에 가능했으며, 그는 '진실은 당신을 자유롭게 만든다'라는 교육 철학을 가진 사람이었다.

그 당시 홉킨스 대학에서는 다른 대학의 경우 40여 년이 지난 이후에야 접할 수 있었던 다윈의 진화론에 대한 논쟁이 뜨겁게 벌어지고 있었다. 그 이유는 철저하게 다윈 진화론을 신봉하고, 자기 자신을 '다윈의 불독'이라고 소개하던 영국의 선도적인 생물학자 헉슬리(Huxley)가 홉킨스 대학의 입학식 연설을 위해 초청되었기 때문이었다. 그는 입학식 연설에서 당시의 생물학에 관한 일반론을 정면으로 부정하고 유물론과 무신론에 입각한 다윈의 진화론을 지지하고 나섰다. 이로 인해 홉킨스 대학은 진화론에 대한 논쟁으로 떠들썩해졌고, 학내 여기저기서 자유롭게 열띤 토의가 벌어질 수 있었다.

홉킨스 대학은 당시 학부 과정보다 대학원 과정을 중시하는 몇 안 되는 교육 기관 가운데 하나였다. 홉킨스 대학의 과학에 대한 지원은 다른 연구 기관에 비해 훨씬 비중이 높아 자연히 많은 우수한 학생들을 배출해 내고 있었다. 그들 중 대부분은 모건처럼 대학원 학생으로서 자신들의 전공 분야를 갖고 있었다. 모건이 홉킨스 대학에 매력을 느낀 가장 큰 이유는 다른 대학에 비해서 생물학에 크게 역점을 두고 있었기 때문이었다. 당시 미국에서는 하버드(Harvard) 대학을 제외하고는 생물학 분야에 비중을 두는 대학은 거의 없었으며, 대부분의 대학에서는 철학, 문학 및 역사학이 주류를 이루고 있었다. 그 당시 과학은 농업 등 실생활에 이용되는 측면을 제외하고는 크게 주목받지 못하는 분야였다.

사실 홉킨스 대학이 생물학, 특히 생리학 분야에 역점을 두게 된 이유도 1893년 설립될 의과대학과 대학 병원을 개설하기 위한 교과 과정이 짜였기 때문이었다. 그러나 총장 길먼이 초빙한 두 명의 생물학자는 의학 분야가 아닌 생물학의 독립적인 연구를 위한 학과를 설립했다. 1876년 홉킨스 대학이 설립된 후, 1886년 모건이 대학원에 입학하기 전에 대학 내에 생물학 연구실이 신설되었고, 뷰포트(Beaufort)에 위치한 체서피크(Chesapeake)만과 바하마(Bahamas)에 해양생물학 실험실이 각각 하나씩 건립되었다. 당시 생물학과는 이미 『존스 홉킨스 대학교 생물학 연구소 연구 보고』라는 학술지를 출판하고 있을 정도였다.

모건이 홉킨스 대학에 입학한 것은 새로운 가정에 들어간 것과 비유할 만했으며, 주위의 다른 사람들에게 거의 신경을 쓰지 않고 연구에만 전념할 수 있었다. 모건은 대부분의 일과를 생물학의 기본이 되는 생리학과 형태학 연구에 할애했다. 모건에게 일반 생물학과 생리학을 지도했던 사람은 생물학 과장인 마틴(Martin)이었다. 마틴은 스코틀랜드(Scotland) 태생으로 케임브리지(Cambrige) 대학에서 교육을 받았으며, 포에스터(Foester) 밑에서 생리학을, 헉슬리 밑에서 생물학을 공부하고, 헉슬리와 함께 전 세계적으로 널리 읽히는 『기초 생물학』을 저술한 사람이었다. 모건에게 형태학을 가르쳤던 사람은 늘 평상복 차림으로 씹는담배를 즐겼던 브룩스(Brooks)였다. 그는 하버드 대학의 동물학자인 애거시즈(Agassiz)의 제자로서 애거시즈가 해양생물학 연구소를 설립하는 데 함께 참여했으며, 그 역시 나폴리(Naples)에 있는 유명한 해양생물학 연구소 출신 졸업생이었다.

모건이 홉킨스 대학에 머무르는 동안 여러 유명 연구진들이 홉킨스 대학을 방문했고, 자연히 많은 연구 분야를 접할 수 있었다. 모건은 그곳에서 많은 동료 학생들과 함께 활발히 연구를 수행했으며 계속 친분을 쌓아갔다. 그러던 중 모건은 자신의 연구를 수행함에 있어서 학문적인 측면은 물론 인생의 조언자이기도 했던 윌슨(Wilson)을 만나게 되었다. 윌슨은 모건의 10년 손위로, 그 역시 홉킨스 대학의 졸업생이자 이미 브린 모어 대학의 교수였다.

모건이 활동하고 있던 서클은 홉킨스 대학에만 국한된 것이 아니라 생물학에 관계하는 사람들의 모임이었다. 19세기 말엽 미국에는 교육을 받고 잘 훈련된 과학자는 그리 많지 않았으므로 이들 '과학자 가족'의 신세대들은 서로 알고 지내면서 도움을 주고받았다. 이들은 때로는 학설에 따라 다른 편에 서서 격렬한 토론을 벌이기도 했으나 미국 과학의 수준을 향상시키고 방향 설정에 변화를 가져와야 한다는 공통된 생각을 갖고 있었다. 홉킨스 대학의 생물학 연구진은 학과 설립 후 20년 동안 미국 동물학도의 훈련과 배출에 거의 독보적인 곳으로 이름이 나 있었다.

19세기 말경의 생물학 연구는 전형적인 묘사(서술)적 접근 방식을 따랐다. 대부분 과학자들은 '어떻게 생명체가 형성되고 구조는 어떠한가'에 관심을 가지고 있었고, 이후 생물학자들은 한 단계 더 높은 새로운 지적 호기심을 갖기 시작해 '생명체들이 생명 유지를 위해 어떠한 일들을 하는가'에 대한 의문을 풀고 싶어 했다. "죽은 물질에서는 절대로 생명의 반응 현상을 찾아볼 수 없다"라고 홉킨스 대학의 생물학 과장인 마틴 교수는 늘 강조했으며, 그의 실험에 대한 집념과 연구에 있어서 생리학의 중요성에 대한 굳은 신념은 모건의 생물학 연구에 강한 자극제가 되었다.

홉킨스 대학 설립 당시, 연구실에서 실험을 한다는 것은 미국 상류층에서 그리 존경받는 일은 아니었다. 그러나 홉킨스의 과학자들은 과학, 특히 생물학은 모든 학문 중에서 가장 명확히 표현되는 철학이라고 강조했으며, 학생들을 교육할 때도 이러한 신념을 확고히 했다. 이들의 확고한 신념을 바탕으로 결국 과학은 교육의 가장 선도적인 접근 방식이 되었고, 심지어는 역사학 세미나에서도 'Laboratories(연구소 실험실)'라는 용어를 사용할 정도에 이르게 되었다. 홉킨스의 대학원생들은 생물학에 관한 모든 교육을 연구실에서 받았으며, 그곳에서 교수들이 대학원생들을 지도했다. 홉킨스의 연구실은 강의가 없었으며, 교수들은 단지 학생들이 읽어야 할 도서 목록을 권장하고, 도서관에서는 학생들에게 그들이 연구하는 데 필요한 도서들을 제공했다.

대학원 신입생들은 생물학 연구에 쓰이는 방법과 실험 기구들을 활용할 수 있는 실질적인 연구에 몰두했다. 각자가 연구 주제를 정하기 전에 학생들은 최근 발표된 중요한 논문을 반복 실험해서 그 사실을 증명해 보이거나 비평을 가했다. 홉킨스 대학 교수들은 이러한 과정을 통해서 누구의 연구라도, 홉킨스 대학 교수들의 것조차도 그렇게 해야 한다는 것을 젊은 과학자들에게 가르쳤다. 실험 연구라기보다 관찰자이며 철학자였던 브룩스 교수도 마틴 교수와 마찬가지로 어떠한 이론도 정설로 받아들여서는 안 되고, 오히려 앞으로의 연구를 시작하는 수단으로 받아들여야 한다고 굳게 믿고 있었다. 그도 이러한 점에서 다윈주의자였다.

또한 홉킨스 대학 교수들은 모건이 평생 동안 실험 장비에만 의존하는 믿음을 갖지 않게 해 주었다. 마틴 교수는 학생들이 아주 어려운 일도 직접 하길 원했으며, 학과에서는 학생들이 평범한 과학자가 되는 것을 막으려고 계속해서 반복 실험을 시켰다. '평범한 과학자'란 실험실에 소시지 기계—한쪽에 돼지고기를 집어넣고 핸들을 돌리면 다른 쪽에서 소시지가 쏟아져 나오는 기계—같은 자동 시설이 가득 차 있어야 아주 훌륭한 연구를 할 수 있다고 주장하는 과학자들을 말한다.

학생들이 시험에 통과하면 학과에서는 실험 연구 과제를 내주어 학생들이 자신이 개발한 방법과 학과의 실험 기구들로 그 과제를 해결하도록 했고, 그 결과를 비판하도록 권했다. 다윈의 자연선택설을 굳게 믿는 브룩스 교수는 언젠가 그렇지 않은 모건의 대학원 동료인 콘클린(Conklin)을 무시한다고 공언했다. 그는 학생들이 어떤 도움 없이 연구를 수행하는 데 있어서 자연선택설을 믿고 있는지를 스스로 알아내도록 해 주는 것이 좋다고 생각했다. 사실 그는 콘클린의 학위 논문 주제에 관해 혹평을 했으나, 훌륭한 생물학자가 되려는 콘클린을 포함한 모든 학생들에게는 이러한 교수 방식이 꽤 성공적이었다.

홉킨스 대학에서 얻은 자연 과학에 대한 실험적 접근 방식은 19세기 말경의 관점에서 볼 때 그리 새롭지는 않았다. 16세기와 17세기에 이미 과학자들은 몇 세기 동안 전해지던 그리스도교 과학에 의문을 품었다. 갈렌(Galen)은 1세기에 사람의 심장에 뼈가 있다고 했으나, 16세기에 와서 베살리우스(Vesalius)는 결국 심장을 해부해 뼈가 없다는 것을 알아냈다. 더군다나, 17세기에는 심장이 혈액을 밀어낸다는 실험 결과가 나왔다. 그 사실을 증명한 내과 의사 하비(Harvey)는 거의 모든 동물은 난자에서 만들어지고 양쪽 부모가 자손에 똑같이 기여한다는 사실을 밝힘으로써 암컷만이 수컷이 만든 태아를 키운다는 아리스토텔레스(Aristotle)의 생각을 뒤집었다.

1839년에는 세포가 생명체의 기본 단위임이 증명되었다. 모건이 대학에 입학했을 때 여러 가지 중요한 결과들이 유럽에서 발견되었고, 이는 주로 세포학자들에 의해 이루어졌다. 정자가 고환에서 만들어진다고 알려졌을 때, 많은 과학자들은 혈액에서 만들어지지 않는다는 사실에 경악했다. 1개의 난자와 정자가 결합되는 것이 현미경에서 관찰되었고, 이것을 수정이라고 인식하게 되었다. 검게 염색되는 물체인 염색체가 1875년 세포의 핵 속에서 발견되었고, 1887년에는 회충의 수정란이 각 암수 부모의 염색체 반씩을 이어받는다는 사실도 알려졌다.

간단히 말해서 모건의 대학과 대학원 교육 초기 동안에 과학자들은 처음으로 수정에 필요한 것이 무엇인지 깨닫게 되었고, 수정 결과인 수정란 (배)의 발생에 영향을 주는 염색체의 역할을 정확히 발견한 실험법을 개발하게 되었던 것이다.

이에 모건은 홉킨스 대학에서의 실험적 접근 방식을 최상의 것으로 믿게 되었다. 이러한 방식이 그의 빈틈없는 성격과 상식, 그리고 사실을 증명하고 싶은 그의 욕망과 일치한 것이다. 그는 이러한 분야의 교수 강의를 전적으로 받아들였으며, 그 결과 나중에는 너무나 철학적이어서 실험적이지 못한 브룩스 교수를 비판하게 되었다.

홉킨스 대학에서의 첫해 동안 모건은 자신의 첫 실험적인 연구를 시작하면서 『실험동물학(Experimental Zoology)』(1907)에 기고한 대로 자기 나름의 원칙을 피력했다.

모든 제안(가설)은 과학적으로 받아들여지기 전에 반드시 실험을 실시해야 한다.
실험 과학에서는 실험 조건들이 알려져야 하며, 가능하면 그 조건으로 실험 결과를 다시 얻어 낼 수 있어야 한다. 사실상 자연현상의 조절이 실험의 목표인 것이다. (……) 실험자들은 모든 가설을 조심스럽게, 특히 자기 자신이 세워 보아야 하며, 그 증거가 다른 방향으로 나타날 경우 자신이 세운 가설을 즉시 버려야 한다.

모건은 보통의 다른 과학자들과는 달리 잘못된 것을 거부할 수 있는 능력, 즉 자기 자신의 실험상 잘못을 인정하는 능력을 타고 난 것 같았다. 이러한 능력이 그가 오류를 범하더라도 그것들을 모아서 더 선구적인 생각을 하게끔 만들었다.

모건은 일평생 다루게 될 문제에 접근해 가고 있었다. 발생학에 관한 초창기 연구에서 그는 잠정적으로 하나의 커다란 의문을 가지고 있었다. '세포들은 어떻게 조절되고 제어되는가?' 이 의문은 여러 가지 형태로 일생 동안 모건을 사로잡았다.

동식물의 생장에 관한 실험 연구는 매혹적인 것이었다. 어떤 환경에서 우리는 어느 어린 동물이 일정한 크기에 도달할 때까지 계속해서 자라는 것을 본다. 다 자라고 나면 그 동물이 몇 년 더 산다고 해도 생장은 끝난 상태이다.

무엇이 계속 생장하게 하는가? 왜 생장은 멈추는 것일까? (······) 이것은 피할 수 없는 것처럼 보이지만 죽음은 보통 상태에서도 항상 일어나기 때문에 '자연사'라고 한다. 그러나 우리가 그 조건을 바꾼다고 가정할 경우 생명을 더 연장시킬 수는 없을까?

일반적으로 거의 모든 동물은 왜 암컷과 수컷의 비가 같을까? 외부적인 메커니즘이 있는 것일까? 만약 그렇다면 무엇이 그것을 조절하는 가? 1개의 수정란을 수컷이 되게 하거나 암컷이 되게 결정하는 것은 외부적 또는 내부적 요인일까?

비록 내부적 메커니즘이 있더라도 그것은 외부적 조건에 영향을 받을지도 모르며, 어떤 경우라도 암컷과 수컷을 만드는 요인은 결정되어 있음에 틀림없다.

그는 같은 책 뒷부분에서 "동물학 연구에서 가장 특별한 문제는 동물들이 겪게 되는 형태 변화에 있는데, 이는 수정란에서 발생하는 과정과 시간에 따라 생장하는 과정에서 나타난다"고 썼다. 확실히 모건은 홉킨스 대학에서 특히 브룩스 교수와 가까이 일하면서 진화론을 접하고 있었다. 홉킨스 대학 생물학 교수뿐 아니라 다른 전공 교수들도 다윈주의자들이 었고, 브룩스 교수는 대학과 사회에서도 알려진 절대적 다윈 옹호자였다. 1883년 브룩스 교수는 그의 가장 유명하고 널리 알려진 『유전 법칙(The Law of Heredity)』이라는 책을 발간하여 1년 전 웨스트민스터(Westminster) 사원에 묻힌 다윈에게 헌정했다. 학생들과 철학적인 토론이 벌어지는 강의실에서나 체서피크 동물 실험실 등에서 브룩스 교수는 학생들이 유전에 흥미를 느끼도록 온 힘을 기울였다. 1883년과 1884년 여름 동안 그는 베이트슨(Bateson)과 같이 연구를 했다. 베이트슨은 그 뒤 영국 과학 및 의학계에 멘델 법칙을 소개한 유전학자가 되었으며, 일찍이 멘델의 유전학 연구에 큰 기여를 하게 된다. 베이트슨은 유전 생리학을 연구할 수 있는

1889년 존스 홉킨스 대학교 졸업 당시인 23살의 모건.

출처: 존스 홉킨스 대학교 제공

최초의 사람으로 브룩스 교수를 인정했다. 모건은 브룩스 교수의 철학적 견지를 불신했고, 그로 인해 진화론보다는 발생학에 발을 들이게 되었던 것 같다.

그가 말한 것처럼 만약 모건이 그 밖의 다른 할 일을 몰라서 대학원에 왔더라면 다른 할 일을 알아냈을 것이다. 첫 해에 그는 생물학 강의에서 선두였으며, 열심이었고, 호기심 가득한 학생이었다. 생물학에 2년간 몰두한 뒤 그는 직업인이 되었다. 그는 체서피크 동물학 연구소 등에서 일했으며 바하마에서 열린 학술 대회에도 참가했다. 그의 첫 논문은 마틴 교수가 편집한 조그만 학과 논문집에 실렸다. 2쪽에 걸친 「키틴(Chitin) 용매들이 바퀴벌레의 난각을 녹이는 조건」에 관한 논문이었다. 다른 논문도 준비 중이었는데, 「개구리의 번식지와 발생학에 관한 노트」, 「Sea-acorn(바다 갑각류)의 유생 tonaria의 성장과 변태」 그리고 「게의 춤에 관한 관찰」 등이었다. 이들 논문들은 곧 『아메리칸 내추럴리스트(American Naturalist)』, 『월간 대중 과학(Popular Scientific Monthly)』 그리고 『형태학 저널(Journal of Morphology)』에 실렸다. 이들 논문 대부분은 서술적이었지만 형태학과 생리학 훈련에 크게 영향을 주었으며, 이들 논문을 통해 그가 평생 관심을 기울여 실험을 수행할 수 있게 해 준 과학적 방법론을 터득하게 되었다.

홉킨스 대학에서 2년을 보낸 뒤, 모건은 1886년 켄터키 주립대학에서 석사 학위를 받게 되었는데, 그곳의 대학원 과정은 단순했다. 즉 다른 대학에서 2년간 공부한 뒤 켄터키 대학 교수들이 그 대학의 기준에 맞는지 보기 위한 시험을 치르면 되었다. 모건의 옛날 은사들이 그대로 재직하고

있었다. 무기명 투표에서 교수들은 그에게 정교수직을 제의했다.

홉킨스 대학에 먼저 진학했던 그의 켄터키 주립대학 시절 친구인 케슬렛도 일반화학, 유기화학 그리고 농화학 담당 교수로 렉싱턴에 돌아와 있었으며 농학 실험 연구소를 만들어 운영하고 있었다. 아마 그가 돌아온 것도 모건과 비슷한 이유였던 것 같다. 켄터키 대학은 이학 석사인 모건을 자연과학사 교수로서 1888~1889년도 대학 편람에 기록했다. 만약 그가 그곳에 머물러 있었다면, 과학 강좌에 불만을 품고 사퇴한 크랜들 교수와 교체되었을 것이다. 그러나 그는 다른 계획을 갖고 있어서 홉킨스 대학에 머물게 되었다.

가정에서의 경제적인 여유는 거의 없었다. 그의 부친은 정규 직업은 아니었으나 노력 끝에 생명보험 회사에서 일할 수 있게 되었다. 톰의 어머니는 천식의 영향도 다소 있었으나 체질적으로 약한 편이었는데, 근처에 있던 요양소에서 치료한 후부터는 노년까지 별 탈 없이 건강하게 지내게 되었다. 그의 여동생인 넬리(Nellie)는 주립대학에 입학하기 위해 예비학교에서 공부하고 있었다. 남동생인 찰튼에 관해서는 그 당시에 무엇을 했는지, 잘 알려져 있지 않다.

22살 때, 모건은 이렇듯 가족 중에서 일을 할 수밖에 없는 상황에 있었으나 다행히도 그렇게 하지 않아도 되었다. 그는 홉킨스에서도 매우 경쟁이 심한 것으로 알려진 연구 장학금 중에 하나를 받게 되었다. 수여 금액은 1년에 500달러였는데, 그 정도 금액이면 그 당시 젊은 교수들이 받는 급여와 맞먹는 액수였다. 물론 1888년에 재정적인 차질이 생기면서 대학 당국에 연구 장학금 중 일부를 수업료로 납부하게 되었고, 그때부터 실질적인 수여액은 400달러로 줄어들게 되었다. 모건은 이러한 경제적인 혜택으로 주립대학에서 학부 학생들을 가르친다든가 아니면 신설학과에서 뒷바라지하는 노력을 하지 않고도 연구를 수행할 수 있게 되었으며 또한 자신의 박사 과정도 순조롭게 마칠 수 있었다고 회고한 바 있다. 모건은 박물학자로서 홉킨스에 갔으나 그곳에서 그는 실험 생물학을 발견하게 되었다. 그는 켄터키 주립대학의 총장에게 자신은 연구가 무엇보다도 중요하기 때문에 켄터키 대학에 근무할 수 없다고 편지로 정중하게 초빙을 거절했다.

볼티모어에서 이러한 내용의 편지를 보내고 얼마 안 있어서 모건은 보스턴(Boston)으로 갔으며, 그곳에서 그는 기차로 약 70마일쯤 남동쪽에 위치한 우드 홀로 자리를 옮겼다. 그곳은 한때 고래잡이의 중심지이기도 했던 비교적 작고 외딴 바닷가 마을이었다. 특히 지금의 우드 홀은 해양생물학 연구소가 설치되어 있는 곳이기도 하다. 우드 홀은 멕시코 만류의 따뜻한 난류가 메인(Maine) 만류와 래브라도(Labrador) 해류에서 흐르는 한류와 서로 만나는 지역이다. 따라서 이 지역에는 해양생물들이 풍부하고 종류 또한 다양하기 때문에 미국 전역 대학의 많은 생물학자들이 이곳을 채집 장소로 이용하고 있다.

일찍이 애거시즈와 다른 몇몇 미국 생물학자들이 설립한 해양연구소와 같이 해양생물 연구실(MBL)은 나폴리에 있는 해양동물 연구소(1872년 독일의 동물학자인 돈(Dohrn)이 설립)의 영향을 직접 이어받은 직계라 할 수 있다. 우드 홀에 MBL이 완성되기까지는 상당한 시간이 걸렸다. 초기 4년 동안에는 단순히 목조 건물로 연구실을 설치했으며, 경제적으로 해결이 되어 어느 정도 체계를 갖추기까지는 14년이 걸렸다. 이 기간 동안에 몇 개의 연구실과 인력, 장비들이 점차 보완되면서 1885년 United States Bureau of Fisheries(USBF)에 의해 우드 홀에 체계적인 연구소가 조직되었다. 또한 MBL은 이 지방의 고래잡이 산업이 퇴조되면서 남긴 건물의 일부를 이용하기도 했다. 홉킨스에 있던 브룩스는 처음부터 MBL의 체제를 잡는 데 기여했으며 대학 당국도 연구소를 지원했고 몇몇 학생들과 교수들이 이 계획에 참여하기도 했다.

해양생물학 연구소들이 설치되면서 미국 내의 생물학 발전에 새로운 활력소가 되었으며 생물학을 연구하는 방향에 있어서도 변화를 가져오게 되었다. 켄터키 주립대학의 자연사 박물학 교과 과정에서도 잘 나타나 있는 것처럼, 그 당시에는 생물학의 연구 방향이 주로 기재(분류)와 구조에 초점을 맞추어 이루어졌기 때문에 대부분의 과학자들은 박물관을 중심으로 채집한 표본들을 분류, 동정하는 일, 즉 죽은 생물체를 연구했다. 이런 시기에 우드 홀과 같은 곳에 해양생물을 연구할 수 있는 연구소가 생기면서 살아 있는 생물을 대상으로 기능에 관한 연구를 하게 된 것이다. 시카고(Chicago) 대학의 생물학자로 있던 휘트먼(Whitman) 교수의 지도로 MBL에서 학생들은 생물이 실제 자연 상태에서 나타내는 기능에 보다 더 친숙하게 되었으며, 이후 그들은 일정한 조건하에서 연구하기 위해 살아 있는 상태로 생물 자료들을 실험실로 운반한 뒤 점차 생리적이고도 실험적인 방향으로 연구에 접근했다.

그러나 첫해에는 관심 분야가 주로 형태적인 면에 치우쳐 있었다. 그렇지만 전반적으로는 생물체 전체에 관심을 가지고 있었기 때문에 연구소 내에서 서로 특수한 전문 분야는 있을 수 없고, 단지 상대방이 연구하고 있는 동물의 종류가 질문의 대상이 되곤 했다.

모건이 연구한 종류는 바다거미였다. 모건을 우드 홀로 데려오고 또한 학위 연구를 지도하고 있던 브룩스는 바다거미류(Pycnogonidia)의 계통 분류학적인 유연관계를 밝히고자 노력하고 있었다. 즉, 린네(Linne)식 분류 방법으로 볼 때, 이 종이 속하는 정확한 위치를 찾고자 연구하고 있었다.

린네 자신도 일찍이 이러한 분류에 처음으로 의문을 제기한 바가 있었는데, 돈은 바다거미는 거미가 아니라 닭새우와 같이 갑각류에 속한다고 주장하고 있었다. 모건은 발생학적인 새로운 연구 방법으로 바다거미는 갑각류가 아니라 분명히 거미류에 속한다고 설명했다. 1890년 모건은 이러한 연구 결과를 우드 홀에서 1주일에 한 번씩 열리는 첫 강연회에서 발표하게 되었다. 이러한 주제의 논문은 브룩스의 전폭적인 지지로 통과되어『존스 홉킨스 대학교 생물학 연구소 논문집』에 실리게 되었다. 박사 학위 과정을 모두 마치고 학위를 취득하게 된 것이다. 논문은 모두 76쪽에 8편의 도해가 첨가된 분량으로, 학술지에 게재된 양으로는 엄청난 것이었다.

사회적인 요구와 더불어 실용주의가 대두되면서 우드 홀에는 메스

박사 학위를 취득한 직후의 모건.

출처: 1891년 존스 홉킨스 대학교 졸업 기념 앨범.

(Mess)라고 부르는 대중식당이 생겼다. 음식은 싸면서도 맛이 좋았으며 제1차 세계대전 전까지만 해도 1주일에 5달러 정도였으나 이후 7달러로 인상되었다. 요리는 그 지역 사람들이 담당했으나 웨이터나 웨이트리스는 모두 학생들이었으며, 젊은 모건도 주방 일을 도왔다.

우드 홀에서는 전통적인 놀이도 즐길 수 있었다. 이곳에서 수영은 기본적인 운동이었다. 모건은 수영을 즐겼고 시합에 참가하기도 했다. 수산업협동조합(Fisheries Commission)과 MBL에서는 농구 시합도 주최했으며 테니스 토너먼트가 개최되기도 했다.

1890년 봄, 모건은 홉킨스에서 박사 학위를 받았으며 브룬(Brune) 연구비를 받았다. 이 연구비로 그는 자메이카(Jamaica)와 바하마 근해로 여행하며 해양생물 연구를 할 수 있게 되었으며, 나중에는 유럽으로 가서 상당 기간 나폴리 동물학 연구소에서 연구하게 된 계기도 마련했다.

그는 1891년 여름을 우드 홀에서 보냈으며, 8월이 끝나는 무렵에 보스턴으로 향하는 기차를 탔다. 그곳에서 그는 존스 홉킨스로 향했고, 마지막으로 자신의 우편물을 정리하면서 할머니인 헨리에타 헌트 모건(Henrietta Hunt Morgan)이 돌아가셨다는 사실을 알고 렉싱턴으로 급히 떠났다. 1891년 9월 7일 할머니가 돌아가시고 난 직후 모건이 태어난 곳이기도 한 호프몬트에 있는 집을 팔게 되었다.

1891년 9월 모건은 25살이 되었다. 그는 이제 턱수염이 자라면서 훨씬 더 나이가 들어 보였으며 틀이 잡혀 갔다. 가을 무렵, 모건은 볼티모어에 있는 존스 홉킨스에서 자매 학교인 필라델피아 근처의 브린 모어로 자리를 옮기게 되었다. 그는 생물학 부교수로 부임하게 되었는데, 윌슨이 연구차 나폴리 동물학 연구소와 유럽을 2년여 방문한 후 컬럼비아 대학으로 옮기면서 생긴 자리였다.

✦

Thomas Hunt
Morgan

3
브린 모어 대학 시절

지구상에 생명이 생겨나고 인류가 진화한 것이 기적이라 불리듯,
수정란이 발생하여 완전한 하나의 성체가 되기 위해선 그와 같은 기적이나
적어도 또 하나의 새로운 기적이 필요할지도 모른다.

– 토머스 헌트 모건 –

브린 모어 대학은 퀘이커 교도들이 1885년에 설립했는데, 그 당시 남자들만 입학이 가능했던 대학 교육에 대응하기 위해 설립된 여성을 위한 대학이었다. 모건은 남자들만 있는 홉킨스 대학을 떠나 교직원들을 제외하고는 모두 여자들만 있는 브린 모어 대학으로 옮겼지만 마음이 편했다. 그 이유는 모건이 홉킨스 대학 선배인 윌슨의 자리를 계승했을 뿐만 아니라 많은 홉킨스 출신들이 브린 모어 대학에서 교수와 초대 이사진을 구성하고 있었기 때문이다. 그래서 이 대학은 "미스 존스 홉킨스(Miss Johns Hopkins)" 또는 "제인 홉킨스(Janes Hopkins)"라는 애칭이 붙을 정도였다.

브린 모어 대학의 교과과정은 홉킨스 대학과 거의 같았다. 따라서 브린 모어에서 생물학을 전공하는 대학원생들은 홉킨스 대학원이나 볼티모

어에 있는 가우처(Goucher) 대학원에 간 것이나 다를 바가 없었다. 마틴이라는 이름의 생물학과장이 홉킨스 대학 생물과에 입학을 허가한 한 여학생을 길먼 총장은 즉시 퇴교시켰는데, 이유인즉 "동물 발생 실험을 하는 데 여자는 적당치 않으며, 젊은 남녀가 공학을 하는 것도 마땅치 않다"는 것이었다.

모건은 강의를 맡았고 다른 할 일도 많았다. 학부와 대학원 생물학 강의는 4명의 교수가 분담했는데 모건은 부교수였다. 로브(Loeb)는 생리학과 생리심리학을 담당했으며, 모건은 그와 우드 홀에서부터 알고 지냈는데 그 후 같은 직장에서 일생 동안 가깝게 지내게 된다. 그리고 다른 두 사람은 생리학과 식물학을 담당하는 교수들이었다.

모건은 1주일에 5일은 강의하는 데 할애하여 적어도 하루에 2시간은 일반생물학이나 일반동물학 및 고등생물학을 강의하는 한편, 매주 한 번씩은 발생학 강의를 했다. 또 이 모든 과정에 속한 실험을 지도해야 했고, 연구도 해야 했으며, 박사 과정 학생들의 논문도 지도해야 했다. 또 그는 최신 생물학 문헌을 가지고 토론하는 이브닝 저널 클럽을 2주일에 한 번 주관했다.

강의 부담을 줄이려면 같은 내용을 계속하여 되풀이하고 한 학기가 끝나면 다음 학기에도 똑같이 강의하면 되지만, 모건은 그런 식으로 하지 않았고 자신의 연구를 발표하는 한편 그 과정에서 새로운 것들을 모아 강의했다. 선생으로서 모건의 강의 스타일은 브린 모어 대학에서 6년간 알기 쉽고 합리적이며 극히 체계적인 강의를 했던 윌슨과는 크게 달랐다.

후에 모건이 아끼던 대학원생들이 증언했듯이 그의 철학은 "가르치는 것에 그리 비중을 두지 말라"는 것이었다.

10년 후쯤, 컬럼비아 대학교 생물학과의 대학원생 중 한 명인 페인(Payne)이 모건의 교수 방법에 대해 강한 흥미를 나타내자 모건은 "조심해. 그렇지 않으면 자네가 학장이 되겠어"라고 놀려댔다. 모건은 정말로 중요한 것은 창조적인 연구이지 강의가 아니라고 생각했다. 그의 강의 내용은 그가 저술한 많은 저서의 내용과 같은 것이었다. 저서의 내용을 강조하고 그러한 문제에 대해 최근의 연구 문제들과 관련시켜 강의하는 것이었다.

모건은 열성적이고 지식도 풍부해서 생물학을 좋아하는 학생들에게 생물학의 넓고 신비한 다양한 실험 방법들을 가르치기에 손색이 없었다. 더욱이 그는 학생들과 대화의 시간을 많이 가졌기 때문에 연구에 지장을 초래하기도 했다. 그가 자리를 비우면 그를 좋아하는 학생들은 "새로 오신 모건 교수는 참 좋은데, 실험실에 있을 때는 우리에게 절대로 차를 주지 않는다"고 섭섭해했다. 모건은 브린 모어 여자대학에 온 이후 처음 3년간은 매우 즐거운 시간을 보냈다. 테니스 코트에도 자주 나갔고 모든 대학 행사에도 참여했으며, 학생들과의 자리도 자주 갖는 등 열성이었다. 이 기간 동안에 모건의 가정생활은 판에 박힌 듯 규칙적이었고, 그런 생활이 일생 동안 지속되었다. 그는 특히 어머니와 여동생을 좋아해서 그들의 보호자 역할도 했지만 자주 찾아가 보지는 못했고, 대신 어머니와 여동생이 그를 찾아왔다.

모건은 아버지와 동생인 두 찰튼에게 있어서는 점점 멀어져 가는 아들이자 형이었고, 그들과 함께하는 시간도 적었다. 그의 형제 중에는 누구도 큰형처럼 지혜와 야망, 행운 같은 것을 갖지 못한 듯 보였다. 1891년 브린 모어 여자대학 입학시험에 떨어진 뒤 그다음 해에 합격한 동생 넬리는 모건이 데리고 있었다. 모건은 여동생에게 자주성을 길러 주기 위해 부모처럼 행동했고, 스스로 판단하는 법을 배울 수 있도록 도왔으나 오히려 넬리는 기차 정거장에서 오빠를 만나면 화장실에 들어가서 숨어 버릴 정도로 오빠를 어려워했다. 넬리의 브린 모어 대학에서의 생활은 불규칙했으며, 건강이 좋지 못해서 휴학하다가 결국은 졸업을 하지 못했다. 넬리가 브린 모어 대학에 잠시 다니는 동안에 어머니는 그녀와 톰을 자주 찾아왔다. 한편 켄터키 대학 상학과에서 낙제한 남동생은 세인트루이스(Saint Louis)에 있는 미조리 태평양 철도회사에서 하급직으로 일하고 있었다.

아버지 찰튼은 실직 상태에 있었는데 막내 동생은 그런 사실도 모르고 아버지가 약속한 대로 집에서 다닐 수 있는 일자리를 구해 달라고 졸라댔다. 모건이 결혼한 후 아내가 가사를 맡았을 때만 해도 가족들의 분열은 심각하지 않았다. 하지만 1893년 모건의 아버지가 새로 유서를 쓰고 나서는 가족들의 갈등이 절정에 달하게 되었다.

젊은 모건 선생은 계획에 따라 연구를 계속했다. 주로 바라노글로수스 (Balanoglossus) 또는 바다 갑각류(Sea acorn), 개구리 같은 양서류, 그리고 해양 무척추동물의 형태 연구였다. 그는 발생학에 관해 연구했기 때문에 해양생물은 그의 주 연구 과제였다. 해양생물은 작고, 풍부하고, 투명하기 때문에 발생학 연구에 좋은 재료가 되었다. 이 기간 동안에 그는 연구 내용에 대한 생각이 바뀌었고 실험 방법의 중요성에 더욱더 확신을 갖게 되었다. 40년 뒤 모건이 노벨상을 수상하게 되었을 때 그의 첫마디는 "실험 생물학의 영광"이라는 말이었다.

모건은 홉킨스 교수팀과 브린 모어에 있는 로브, 그리고 우드 홀에 있는 휘트먼의 학문적 영향을 받았으며, 특히 나폴리만의 베수비오(Vesuvius)산 밑에 있는 스타지오네(Stazione) 동물 실험실은 그에게 큰 감명을 주었다. 모건은 1890년 생물학자들의 메카인 이 실험실을 방문한 후, 1894년 이곳에서 연구하기 위해 브린 모어 교실을 1년간 떠나게 된다.

모건은 여러 지역을 관광하고 10월에 나폴리의 실험실에 도착했다. 그의 주머니에는 이탈리아 돈이 가득했고, 손에는 이탈리아 문법책이 들려 있었다. 예전에 그의 아버지가 가리발디를 지지했던 공로로 이탈리아 사람들은 모건의 방문을 대환영했다. 모건은 이탈리아 사람들에게 감사함을 표시하고, 이탈리아에 매료되어 이탈리아 처녀와 결혼하겠다고 공헌할 정도였다. 그러나 그는 한곳에 정착하려고 하지는 않았다. 그는 나폴리에 있는 실험실에서 여러 분야에 열중했다. 모건은 그 실험실의 학생, 교수, 그리고 세계 각처에서 온 연구원과 그들의 연구 방법 및 관심사에 대한 기사를 1896년 『사이언스(Science)』(3 : 1~18)에 마치 계절에 따라 변하는 만화경처럼 멋지게 기고했다. 거기에서 모건은 "사람들은 여러 가지 환경 요소가 함께 존재할 때 마땅히 생기는 견해와 비판의 충돌 속에서 많은 것을 배우고 인상을 얻는다"고 술회했다.

그곳에서 같이 연구했던 드리슈(Driesch)와 다른 많은 독일 생물학자들과 같이 모건도 발생에 관한 실험 연구에 큰 흥미를 갖게 되었다. 발생 과정은 분열과 분화의 과정이다. 개구리든 사람이든 간에 성체란 단 하나의 세포인 수정란이 40~50번의 분열을 거쳐 형성되는 것이다. 이러한 발생 과정에서 여러 가지 기본적인 의문이 제기되었다. 즉 언제 하나의 세포가 똑같이 반으로 나눠지며, 또 그 각각의 딸세포들은 언제 갈라지는지 등등의 문제였다. 그리고 똑같은 환경에 있는 세포들의 신비스러운 분화는 어떻게 이루어져서, 어떤 딸세포는 뼈가 되고, 어떤 것은 혈액이 되며, 그리고 어떤 것은 뇌가 되는가 하는 등의 문제도 있었다.

모건은 난자의 발생에 미치는 수많은 내적, 외적 요인을 조사했다. 이러한 실험에는 간단한 루브 골드버그(Rube Goldberg) 실험 기구가 사용되었다. 예를 들면 다음과 같은 방법으로 난자의 발생에 중요한 영향을 주는 것에 관해 실험했다.

"물 모터는 힘을 공급한다. 자전거 하나를 뒤집어 놓고 앞바퀴의 고무 타이어를 제거했다. 그리고 자전거 바퀴의 테 주위와 모터에 줄을 연결하여 자전거 바퀴가 천천히 회전할 수 있게 만들었다. 바퀴는 1분에 12~16번 회전하도록 했다. 난자들을 큰 시험관에 넣고 한쪽 끝을 코르크 마개로 막았다. 이 시험관을 자전거 바퀴의 살에 단단히 매달았다. 그 시험관들은 물로 가득 채웠다. 시험관 맨 위에는 큰 공기 방울이 남아 있게 했다. 시험관이 회전하면 공기 방울은 시험관 한쪽 끝에서 다른 끝으로 지나가게 하고 시험관이 한 번 회전하는 동안 물과 난자는 두 번 소용돌이가 일어나도록 했다"

그 당시 가장 중요한 논쟁은 전성설과 후성설에 대한 것이었다. 어떤 사람들은 세포들이 완전한 생물체가 되기 위해서 세포는 이미 운명—또는 예정—또는 형성되어 있다고 주장했다. 이를 모자이크설 또는 전성설이라고 부르며, 이 설에 의하면 모든 난자 속에는 아주 작은 생물체가 들어 있어서 이것들이 자동적으로 펼쳐지고 점차 자라서 성체가 된다. 즉 아주 예쁘게 만들어진 일본산 알약과 같은 것이 물속에서 점점 자라서 아름다운 꽃을 피우는 것과 같다는 것이다. 또 다른 학설인 후성설에 의하면 발생 과정은 난자의 구성 물질과 원형질, 그리고 환경의 복잡한 관계에서 서로 작용하는 힘에 의존한다. 후성설은 핵이 전 발생 과정을 통제할 것이라고 추측하는 설이다.

만약 모든 세포들이 미리 형성되어 있다면, 발생은 어떤 고정된 선에서 진행될 것이다. 그렇다면 동물학자들의 할 일은 생물의 종에 대한 유래에서 개체의 발생이 어떻게 되풀이되는지를 알아보는 것 외에는 없을 것이다. 반대로 후성설은 발생을 역동적으로 보는 학설이다.

1883년에 발생학자 루(Roux)는 핵은 세포 속에 질적 잠재력을 갖는 모자이크 모양으로 분산하면서 분열한다고 주장했다. 그러므로 접합자(수정란)의 첫 번째 분열은 몸의 왼쪽과 오른쪽이 될 세포 분열을 하게 된다. 그리고 몸의 모든 부분에 대한 장래의 발생은 난자에서 일어난 최초의 몇 개 세포에서 결정된다고 주장했다. 5년 후에 루는 개구리 난자의 2개 딸세포 중 하나를 죽였을 때, 남아 있는 단 1개의 세포는 불완전한 배로 발생한다는 실험 결과를 얻었고, 그 결과는 모건의 제안을 더욱 뒷받침해 주었다. 그러나 1891년 존경받는 발생학자 드리슈도 이와 비슷한 실험을 했는데, 그는 성게 난자의 단 1개의 딸세포는 불완전한 배가 아닌 완전한 상태의 배로 발생한다는 사실을 발견했다. 만약 세포 다발 중의 1/2이나 심지어 1/8에 해당하는 딸세포가 원래의 완전한 난자와 똑같은 잠재력을 갖고 있다면, 즉 환경이 변하는 것을 인식할 수 있는 능력까지도 갖고 있다면 어떨지 생각해 보자.

그렇게 된다면 원형질과 환경과의 상호 관계에는 이미 인정받고 있는 전성설보다 더 복잡한 문제가 존재하게 될 것이다. 많은 학자들 간에 상치된 결과 때문에 몇 년 동안 혼란이 있었다. 예를 들면 샤브리(Chabry)와 콘클린은 해초류 난자에 대한 모자이크 발생을 발견했다. 한편 1893년에 윌슨은 창고기를 대상으로 드리슈의 훌륭한 발견을 재확인했다. 나폴리에서 드리슈와 같이 연구했던 모건은 그 후에 브린 모어에서 독자적으로 난자와 배에 자극을 주는 여러 방법을 통해 모자이크설을 반증하는 연구를 했다. 1895년 모건은 미국송사리를 재료로 단 1개의 딸세포가 정상적으로 발생하는 실험에 성공했다.

이러한 내용의 연구는 슈페만(Spemann)의 아주 섬세하고 훌륭한 실험 방법에 의해 더욱 확대되었다. 그는 발생 초기에 있는 난자를 머리카락으로 동여매는 방법을 이용해 상태가 여러 종류인 쌍둥이를 만들어 냈다. 모건은 1/2 혹은 1/4에 해당하는 배가 정상적으로 완전한 성체로 자랄 수 있다고 한 드리슈의 발견을 확인한 후, 이러한 현상이 일어나게 만드는 힘에 대해 연구하기 시작했다. 그리고 2세포기 상태에 있는 미국송사리의 배를 가지고 한 실험에서 샤브리가 얻었던 것과 같은 결과를 얻었다. 즉 2세포기 중의 한 세포에만 상처를 주면 그 세포는 불완전한 성체로 발생한다. 그러나 나머지 한 세포는 뒤집어 놓거나 또는 흔들어 뒤섞어 놓으면 정상적인 발생이 회복되어서 하나의 완전한 성체가 되었다.

이 무렵에 모건은 앞으로의 연구 계획을 구상하고 있었는데, 적어도 50여 종류의 생물체를 대상으로 실험하는 것이었다. 그는 실험에 흥미를 느낄 때마다 잘 알려지지 않은 다른 분야로 쉽게 빠져들어 갔다. 일례로 그는 척추가 개방됨으로써 야기되는 척추 기형인 척추 이분증(spina bifida)을 일으키는 배를 만들고자 하는 일련의 실험들을 수행했다. 그는 완전히 다른 두 가지 방법에 의해 기형의 배가 생성되는 것을 발견했는데, 그 한 가지는 수정란에 약간의 염분액을 첨가하는 것이고, 다른 한 가지는 직접 특정 부위에 상처를 입히는 것이었다. 척추 이분증은 사람에서도 발견되지만 모건은 그 자신의 연구가 사람에 응용될 수 있는 것으로 생각하지 않았는데, 그 이유는 사람을 동물로 간주할 수 없다는 생각 때문이었다.

모건과 허트윅(Hertwig)은 각기 독자적으로 연구한 결과, 성게 난자에 염화마그네슘이나 염분이 많은 바닷물을 첨가하면 분열을 시작하도록 인공적으로 유도할 수 있음을 발견했다. 보통 난자의 분열은 수정 후에야 시작되는 것으로 알려져 있었다. 이 연구는 브린 모어 우드 홀의 동료 로브에 의해서 완성되었는데, 그는 모건이 사용하던 염분액을 다소 수정하여 인공적으로 알을 발생시키도록 유도하는 데 성공했다. 로브는 일생 동안 이 연구에 전념했으며 더 나아가 수컷 없이 개구리의 난자에서 정상적인 올챙이를 거쳐 암수 개구리를 생산하는 데까지 이르렀다. 이 연구는 대단히 흥미로운 기삿거리로 신문에 보도되었으며, 대중성 덕분에 이 연구가 진행되었던 해양연구소에 많은 도움을 가져다주었다. 로브에게 연구의 모든 공로가 돌아간 것에 대해 그 연구소의 과학자들은 다소 비판적이었으나, 모건 자신은 서운함이 전혀 없었으며 로브와 두터운 친분 관계를 계속 유지했다.

모건이 그 당시 가장 훌륭한 생물학자 중의 한 사람을 불신하게 되었던 한 가지 실험을 소개하겠다. 모건은 핵을 제거한 난자를 수정시키는 보베리(Boveri)의 실험을 반복했다. 보베리는 이 실험에서 태어난 성게가 수컷을 닮았다고 보고했지만 모건이 이 실험을 반복하자 결과에 많은 차이가 있었기 때문에 보베리의 결론을 뒷받침하기가 어려웠다. 이후 모건은 보베리의 연구를 인정하기 어렵다고 생각하게 되었다.

1895년 브린 모어로 돌아온 모건은 부교수에서 정교수로 승진했다. 1897년에는 그의 첫 번째 저서인 『개구리 알의 발생: 실험발생학의 입문서(The Development of the Frogs Egg: An Introduction to Experimental Embryology)』가 출간되었다. 이 책에서 그는 분열 축의 결정, 척추 이분증에 기인한 비정상란의 생성, 딸세포에 상처를 입혔을 때의 효과, 세 가지의 배엽에서 발생 등 개구리의 초기 분화에 관한 실험 결과들을 기술했다. 감수분열은 대충 서술되어 있었으나 유전이나 성 결정 인자에 관해서는 아무런 언급이 없었다. 뿐만 아니라 모건은 감수분열에 관한 바이스만

(Weismann)의 이론을 별로 좋아하지 않았다. 그는 "바이스만은 염색체의 수가 감소하는 발견을 대단히 추상적인 유전의 이론을 세우는 데 이용했다. (……) 바이스만과 어떤 학자들에 따르면 신체의 다른 세포에 있는 염색체의 수보다 그 수가 반으로 감소되는 것은 수정을 준비하는 것으로 보인다. (……) 따라서 어떤 종에 있어서 염색체 수는 세대에서 그다음 세대로 불변한다"라고 말했다.

나폴리에서 돌아온 모건은 미국인들이 생물학에 있어서 좀 더 새롭고 좀 더 최근의 연구에 대해 잘 모르고 있으며, 또한 미국에는 유럽과 같은 높은 수준의 해양생물학 연구소가 없음을 확신하게 되었다. 그 후 몇 년 동안 모건은 주로 코드(Cod)만에 위치한 여러 곳의 낙후된 미국 해양생물학 연구소를 방문, 연구했으나 우드 홀에 있는 해양연구소로 다시 돌아오곤 했다. 1897년, 설립된 지 얼마 되지 않은 이 연구소는 중요한 변화를 맞이했다.

진보적인 성격의 소유자인 연구소 소장 위츠만은 보수적인 설립자들로 구성된 이사회에 대항하여 연구소를 운영했다. 위츠만은 연구소를 확장하기 위한 투쟁의 하나로 새로운 이사단을 선출했다. 새로 선출된 이사단은 규모가 더 커졌고 나라를 대표할 수 있는 인물들로 이루어졌으며, 거의 모두 과학과 관련된 일을 하고 있었다. 또한 그들은 해양생물학 연구소의 미래에 좀 더 굳건한 신념을 가지고 있었다. 1897년 8월에 선출된 24명의 이사 중에는 모건도 포함되었다. 그는 1937년까지 이사로 일했으며 사망할 때까지 명예 이사로 봉직했다. 그 후 2차 세계대전으로 인해 중

단되기까지 그는 매년 여름을 우드 홀에서 보냈고, 그 연구소가 보다 확고히 기반을 잡게 될 때까지 연구소 사업에 계속 관여했다.

우드 홀과 브린 모어에서 모건은 교육과 연구에 있어서 재생을 강조하기 시작했다. 이는 배를 2개로 절단했을 때 완전한 개체로 자랄 수 있는 능력이 일종의 재생으로 간주되기 때문에 딸세포에 준 상처에 관한 연구로부터 자연스럽게 이어진 관심이었다. 모건은 대학원 시절에 지렁이의 재생에 관한 연구를 수행한 적이 있었다. 그는 다시 여러 가지 다른 동물의 재생에 관심을 갖게 되었다.

재생은 하나의 사실이었다. 그러나 이 시기 모건의 대부분 연구 목표는 재생에 필요한 인자들과 조건을 확립하는 데 있었다.

그는 "하나의 동물이 그 종의 성격에 따라 클 수 있는 만큼 크기까지 자라게 되면 그 동물의 생장은 멈춘다. 그것은 세포가 더 이상 생장할 수 있는 능력을 상실하기 때문에 일어나는 일로 보일지도 모른다. 그러나 많은 동물이 신체 일부를 재생할 수 있는 능력을 가졌다는 것으로부터 생장의 정지가 그러한 능력의 상실 때문이 아님을 알 수 있다"고 서술했다.

혈액을 가진 모든 동물은 일생을 통해 끊임없이 적혈구를 만들어 낸다. 모든 동물은 일생을 통해 표피층을 새롭게 만들어 낸다. 벌레나 달팽이와 같은 동물들은 목이나 다리가 절단되면 재생된다. 그런데 생쥐나 사람과 같은 경우에는 그렇지 않다. 후에 모건 부인은 재생을 조절하는 요인을 찾기 위한 실험에서 플라나리아로부터 조직을 떼어 내 이식했을 때 신체 어느 부분의 조직이라도 서로 이식이 가능하다는 사실을 발견했다.

1904년 웨딩드레스를 입은 모건의 신부 릴리언 보건 샘슨(Lilian Vaughan Sampson).

출처: 모건가 제공

만일 이식 부위가 잘 붙으면 절단 표면에 재생이 일어나지 않았다. 그러나 부합이 잘 안 될 경우, 예를 들면 거칠거칠한 조직이 노출되어 있다든가 할 때는 그 자리에 새로운 머리나 꼬리가 재생되었다. 생체 조직을 서로 뒤집어 이식시켰을 때 각 벌레 조직당 1개씩 2개의 머리가 이식된 부위에서 재생되었다.

모건은 해파리를 자른 단편들이 다시 모여서 융합하여 종 모양의 형태가 되는 것을 관찰했다. 또한 잘려진 물고기 꼬리의 끝이나 지렁이 절편이 천천히 재생하는 것도 발견했다. 좀 더 크게 잘린 절편들은 더 빨리 재생했으며 재생 속도는 영양분 섭취량과 무관했다.

잘려진 말단이 머리나 꼬리 중에서 어느 것을 재생시킬지 어떻게 알 수 있는가에 대해 모건은 컬럼비아 대학에서 행한 일련의 강의에서 견해를 발표했고, 이는 컬럼비아 대학 생물학 시리즈의 일부로 1901년 출판되었다. 모건의 『재생(Regeneration)』은 현재까지도 훌륭한 문헌으로 읽을 만한 가치가 있다고 평가된다. 현재까지도 모건이 제기한 많은 의문들 중에 극히 일부만이 해결되었기 때문이다.

모건은 올챙이, 물고기, 지렁이를 접합하거나 재생시키는 연구에서 물질의 기울기 분포를 제안하여, 가장 높은 정도를 머리 쪽 말단에 두고 점차 낮아져서 꼬리 쪽 말단에 가장 낮게 가정했다. 이들 물질의 기울기 분포는 몸통의 일부를 제거하면 교란된다. 완벽하게 접합시키면 회복되며 재생의 필요성이 증가한다. 몸통이 절단된 부위의 세포들은 접합이 없으면 배후로부터의 압력이 감소할 땐 머리를 재생하고, 압력이 증가하면 꼬리를 재생한다.

이 이론은 1904년과 1905년에 출판되었으며 차일드(Child)는 이 학설이 자신의 것보다 생화학적인 기울기 이론을 세웠다는 점에서 더 낫다고 인정했다. 모건은 자신의 모든 연구를 '어떻게 난자가 성체가 되는가'에 대한 의문을 해결하는 방법으로 사용했다. 기울기 이론은 이 문제 일부에 대한 답변은 되지만 아직 많은 부분에 대한 설명이 부족하다. 이러한 이유로 기회가 있을 때마다 모건은 재생 연구를 수행했다.

모건이 브린 모어에 계속 머물러 있었다면 발생학과 재생에 관한 존경받을 만한 연구를 계속했겠지만, 친구 윌슨이 뉴욕 최초의 실험동물학 교수직을 맡아 달라고 부탁하면서 그의 연구 인생은 일대 전기를 맡게 된다. 윌슨은 컬럼비아 대학의 유전학 연구에 대한 자신의 유일한 기여는 모건의 발견이라고 겸손하게 언급한 바 있다. 그러나 모건이 윌슨의 세포학적 발견을 이해하지 못했다면, 컬럼비아 대학에서의 유전학 연구는 존재하지 않았을 것이다.

1903년, 브린 모어를 떠나는 와중에 모건은 약혼을 하게 되었다. 이때 그는 36살이었고, 이것이 그의 첫 번째 로맨스였던 것으로 보인다. 그와 약혼녀인 샘슨(Sampson)은 이미 몇 년 동안 서로 알고 지내는 사이였다. 1887년 브린 모어 대학에 입학한 샘슨은 윌슨의 가장 우수한 생물학 제자 중 하나였다. 1891년에 졸업한 그녀는 취리히(Zürich)에서 생물학과 바이올린을 배우고, 1894년 브린 모어에서 석사 학위를 받았다. 1년 가까이 애리조나(Arizona)에서 지낸 적도 있었지만, 주로 할아버지, 할머니와 함께 펜실베이니아의 저먼타운(Germantown)에 살면서 브린 모어에서 강의를 듣고, 발생학 실험을 하거나 보여 주고는 했다.

약혼했을 때 그녀는 33살이었다. 그녀는 3살에 부모를 여의고 언니인 이디스(Edith)와 가까이 지내다가 언니가 브린 모어를 졸업하고 결혼하자 다시 고아나 다름없게 되었다. 결혼식은 가족끼리만 모여서 조촐하게 치렀고, 신혼부부는 캘리포니아의 퍼시픽 그로브(Pacific Grove)에 있는 해양생물학 연구소를 향해, 모건에게는 최초의 서부 여행이 된 신혼여행을 떠났다. 가을이 되자 두 사람은 학생들이 모건의 강좌에 이미 수강 신청을 마친 상태인 뉴욕으로 이사했다. 모건 부인은 몇 블록을 걸어서 컬럼비아 대학의 셔머혼 홀(Schermerhorn Hall)에 있는 남편의 실험실로 가 한두 시간 머무르곤 했다.

모건의 생활 패턴이 크게 달라진 것은 없었지만—겨울에는 학술 활동을 하고, 여름에는 우드 홀에서 지내는 등—생활의 질은 크게 달라졌다. 모건은 세속적으로 귀찮은 사소한 일로부터 그를 보호해 주는 이상적인 부인을 만났다. 모건은 못을 박거나 운전을 배우거나 옷가방을 챙길 필요가 없었다. 모건 부인은 그의 원고를 읽어 주고, 치밀하고 상세한 연구 내용까지도 이해하고 추적했다. 그 자신도 과학자인 모건 부인은 결혼하자 우선순위를 모건, 장차 생길 아이들, 그러고 나서야 자신의 실험으로 정했다.

이상적인 아내를 만난 덕분에 모건은 자신의 연구에 더욱 몰두할 수 있었다. 바로 이 시기에 유럽에서는 아직 초창기인 유전학이 장차 체계를 잡는 데 영향을 준 두 가지의 큰 발견이 있었다. 첫째는 멘델 법칙을 재발견한 것이고, 둘째는 드 브리스(De Vries)에 의한 돌연변이 발견이었다. 1900년에 모건은 네덜란드의 힐베르쉼(Hilversum)에 있는 드 브리스의 정원과 실험실을 방문하고 나폴리로 갔다. 나폴리의 해양연구소에서 주요 화제는 주로 멘델에 대한 것이었다. 컬럼비아에 정착하는 데 장시간을 보낸 뒤에 모건은 이와 같은 생물학의 새로운 조류에 이끌려서 그 자신이 돌연변이 유도를 시도하게 되었고, 유전학에 입문하게 된다.

Thomas Hunt
Morgan

멘델 – 유전학의 씨를 뿌리다

진화는 집단에서 진행되지만,
집단과 개체에서 진행되는 현상을 연관 지어 이해하려면
수학적 근거가 반드시 필요하다.
– 시월 라이트 –

20세기는 폭발적인 지식의 증가로 시작되었다. 거의 2000년 동안 기독교가 유일한 해답이었으나, 18세기에 들어와서는 자연의 관찰에 이어 화학, 물리학, 유전학이 새로운 근거를 제공하게 되었다. 정체 모를 광선을 방사하는 새로운 요소 '라듐'이 발견되었고, 원자는 이보다 더 작은 물질로 만들어졌으며, 에너지까지도 작은 조각으로 만들어졌고, 광선은 휠 수 있다는 사실이 밝혀졌다. 모든 살아 있는 물체들은 세포라는 작은 단위로 구성되었고, 모든 세포는 기존에 있는 다른 세포에 의해 생기며, 이런 현상이 과거 30억 년 동안 진행되었다는 사실이 1839년에 밝혀졌다.

1900년 세 명의 식물학자가 1866년에 멘델이 쓴 두 편의 논문을 재발견함으로써 세포가 어떻게 자기와 유사한 딸세포를 만드는가가 밝혀졌다.

부모가 서로 반대되는 특성을 가지고 있을 때, 예를 들면 한쪽은 검은 피부, 한쪽은 백색 피부를 가졌다거나, 한쪽은 키가 크고 한쪽은 작을 경우, 그들의 자녀는 대략 그 중간의 피부색이나 중간 정도의 키를 갖게 될 것이라는, 이른바 융합 유전이 유전에 관한 상식적인 개념이었다. 성 토머스(St. Thomas)의 성 어거스틴(St. Augustin)파 모라비아(Moravia) 신부였던 멘델은 그러한 상식적 개념이 적어도 '완두'의 경우에는 옳지 않다는 것을 보여 주었다.

멘델은 나폴레옹(Napoleon)이 죽은 다음 해인 1822년에 요한(Johann) 멘델의 아들로 브룬(Brunn)에서 태어났다. 이곳은 나폴레옹의 전쟁터였던 아우스터리츠(Austerlitz)에서, 또 란트슈타이너(Landsteiner)가 ABO 혈액형을 발견한 프라하(Prague)에서 아주 가까운 곳이다. 멘델은 빈(Vienna) 대학에서 수학과 물리학의 기반을 철저히 닦았으나, 그도 다윈과 마찬가지로 학교생활에는 실패하여 교사 자격증도 얻지 못했다. 그러나 그는 유능하고 끈기 있는 생물학자로서 자기의 자식들이라고 할 정도로 애착을 가진 완두를 관찰 분류하고 계산하여 대단히 중요한 법칙을 발견했다. 그는 또한 사라져 가는 고문헌 조사에도 열심이었고, 위험을 무릅쓰고 금지된 서적의 목록에 있는 다윈의 책들도 사들였다.

멘델은 형질이 완연하게 다른 완두를 선택하여 교배했다. 예를 들면 키가 큰 완두와 작은 완두, 매끈한 원형 종자와 주름진 종자의 식물, 흰색 종자와 갈색 종자, 또는 꽃이 줄기를 따라 계속 피는 액생 식물과 줄기 끝에만 피는 정생 식물 간에 교배를 했다. 이는 주목할 만한 훌륭한 실험이었는데, 그 이유는 첫째, 멘델이 식물의 형질을 간단하게 구분하려는 현명한 착상을 했다는 것이고, 둘째, 다른 화분이 수정되지 않도록 식물을 능란하게 다루었으며, 셋째로 그가 자손들 간에 형질의 단순한 분리비는 근본적으로 구조적인 특정 물질에 있다고 해석한 점이다. 그는 배주나 화분 속에 특정한 물질적인 것(현재의 유전자)이 있고, 이것이 잡종 속에서도 별개의 분리된 상태로 존재한다고 결론지었다. 그리하여 부모의 특성이 섞이는 것이 아니라 부계나 모계 중의 특성 하나가 분명히 나타나게 된 것이라고 해석했다. 그리고 다음 세대에서 모계와 부계의 특성이 둘 다 나타나며 그것은 일정한 비율로 분리된다는 것이다.

멘델은 "어떤 실험에서도 중간적인 형태는 관찰할 수 없었고, 우성(큰 키)과 열성(작은 키)의 형질이 3대 1의 비율로 분리된다"고 말했다. 더욱이 잡종의 자손은 각 세대마다 잡종과 두 가지의 고정된 형질이 2:1:1의 비율로 분리된다. 만일 A가 두 대립되는 형질 중의 하나인 우성 형질 인자를 표시하고, a는 열성, Aa는 두 형질의 인자가 결합되어 있는 잡종이라면, 제2대 자손들은 AA+2Aa+aa의 집합체로 설명할 수 있다.

두 번째 실험에서 멘델은 두 가지의 형질이 서로 다른 완두를 교배했는데, 예를 들면 큰 키에 씨가 원형인 것과 작은 키에 씨가 주름형인 것을 서로 교배하여 큰 키 형질과 원형의 형질이 항상 함께 전달되는지, 아니면 이 두 형질이 갈라져서 독립적으로 분리되는지를 보고자 했다. 실험 결과, 이들은 서로 독립적으로 분리되었다. 이 실험은 멘델에게는 대단한 행운이었다. 완두는 7쌍의 염색체를 지니고 있는데 그가 연구한 7가지의 형질들이 모두 서로 다른 염색체 쌍에 있었다. 물론, 당시는 염색체가 발견되기 전이었기 때문에 그는 이 사실을 몰랐으나 논리적인 실험을 통해 염색체의 존재와 분리를 예측한 것이다.

후에 그는 3쌍의 형질이 다른 완두를 번갈아 교배했을 때 그 자손에서 가능한 형질의 모든 조합이 나오는 것을 발견했다. 어떠한 두 쌍의 형질도 잡종의 자손에서 9:3:3:1의 비로 분리되었다. 이 결과로 그는 모든 종류의 종자가 같은 빈도로 만들어지고, 형질들의 우성, 열성 관계로 이와 같이 기묘하지만 예측할 수 있는 비율로 자손들이 분리된다고 해석했다. 이러한 모든 가능한 조합은 중학교 3학년 학생들도 쉽게 이해할 수 있는 원리이다.

멘델의 발견은 다음과 같이 요약된다. (1) 분리의 법칙: 유전자들은 융합하지 않고 분리된 상태로 남아 있으므로 한 쌍이 모두 잡종인 경우는 그 자손에서 3(우성):1(열성)의 비로 분리된다. (2) 독립의 법칙: 각각의 유전자들은 다른 유전자들과 독립적으로 분리된다.

불행히도 멘델은 자신의 연구 결과가 가져온 위대한 업적을 생전에 보지 못하고 세상을 떠났다. 1865년 브룬(Brunn) 자연과학 연구협회에서 연구 결과를 발표했을 때 청중들은 공손했지만 내용을 이해하지 못해 침묵으로 반응했다. 논문은 「식물 잡종 실험」이라는 제목으로 이듬해에 출판되어 120개의 대학과 연구 기관에 배포되었으나 이들 기관의 어느 식물학자도 멘델에게 응답하거나 그의 연구 보고를 읽었다는 암시를 주지 않았다. 그는 아마도 생전에 무척 외로웠을 것이다.

멘델은 그 당시 저명한 식물학자였던 네겔리(Nägeli) 교수와 상담했으나 네겔리조차 격려를 해 주지 않았고, 한번은 멘델에게 선심 쓰는 체하며 "육종 실험에서는 완벽한 식물인 완두 대신, 내가 관심을 갖고 있는 조밥나물을 가지고 연구하라"고 충고했다. 아마도 조밥나물은 부적합한 식물이라서, 그 결과는 멘델이 자신의 초기 연구 결과를 의심하게 만들었을 것이다(조밥나물의 종자는 감수분열이나 수정도 없이 생기는 모계로부터 유래하므로, 유전 연구에는 적합하지 않은 식물이다). 1884년 멘델의 죽음을 브룬시 전체가 애도했으나, 외부에서는 그의 죽음을 거의 알지 못했다. 야나체크(Janacek)는 장례식에서 오르간을 연주했고, 새 수도원장은 멘델의 발표되지 않은 논문들을 모두 불태워 버렸다. 멘델은 그의 선구적인 연구 결과를 단 한 번 학술지에 발표했으나 생물학자들은 수학을 이해하지 못했고, 또 신부인 멘델을 과학자로 인정하지 않았기 때문에 그의 연구 업적은 1900년까지 알려지지 않고 사장되었다.

1900년 멘델의 법칙이 재발견되면서, 과학자들은 멘델의 법칙이 확실한 실험적 바탕에서 즉시 도출되었기 때문에 그 법칙을 믿었다. 1903년에 모건은 멘델의 법칙에 의문을 품게 되었다. 만약 그 법칙이 사실이라면, 어떻게 그 법칙이 일반화되는가? 모건은 "멘델의 법칙과 그 법칙 응용의 중요성은 최근의 실험에서 확실해졌다. 멘델의 법칙에 대한 이론적인 해설은 너무나 간단명료했기 때문에 그의 해설이 맞는지 틀리는지는 거의 의심할 여지가 없다(『진화와 적응(Evolution and Adaptation)』, pp. 284~285)"라고 서술했다.

그러나 모건은 여러 가지 생각 끝에 멘델의 이론을 점차 의심하게 되었다. 유전자들이 잡종 제2대에서 분리됨을 의심하게 된 것이다. 모건이 멘델의 이론에 불만족한 한 가지 이유는 멘델의 법칙을 확인하기 위한 그 자신의 실험에서 비롯되었다. 예를 들면 모건이 희고 비만하며 몸통 옆에 노란색을 띤 집쥐와 야생 쥐를 교배해 봤더니 불규칙한 결과가 나온 것이다.

모건은 멘델의 발견을 확인하지 못했기 때문에, 1909년까지 멘델의 법칙이 그 성과 이상으로 인정받고 있다고 생각했다. 만약 한 요소(최근에는 '유전자')로 멘델의 법칙을 설명할 수 없으면 그때는 두 요소를 사용한다; 만약 두 요소로 증명이 불충분하면, 때로는 3개의 요소를 사용할 것이다. 우리는 결과를 설명하는 탁월한 기술 때문에 진실에서 멀어지기도 한다. 우리는 그 법칙으로부터 요소들을 추리한다. 요소들을 설명하는 것으로 그 법칙을 설명하는 것이다. 무엇보다도 배우자 내에서 유전자가 분리된다는 가설은 결과를 심각하게 미리 예견하는 것이었다. 그러나 유전적 개념을 넘어선 가설에서는 비록 힘들고 불확실하지만 더 깊이 실험하고, 재실험을 위한 문호가 개방되어 있기 때문에 더 유리하다고 믿는다. 과학적 진보는 가끔 이런 방향으로 이루어진다. 여기에 중요한 고찰이 있다. 난자는 어른의 형질을 가질 필요도 없고, 정자도 그럴 필요가 없다. 난자나 정자는 발생 과정에서 알지 못하는 물질과 방법으로 어른의 형질을 만든다.

1904년과 1910년 사이에, 모건은 잡종의 행동을 설명하기 위해 두 가지 학설을 개발하고 있었다.

"나는 두 가지 형질의 조건이 안정한 상태로 동등하게 존재하고 있을 것이라고 생각한다. 하나 또는 같은 개체에서 2개의 우성과 열성 형질이 나타날 수 있다. 예를 들면 초콜릿 쥐와 검은 쥐는 멘델의 법칙에 준한다. 검은색은 앞에, 초콜릿색은 뒤에 나타나는 성질을 갖는다. 또 검은 눈과 분홍 눈은 멘델의 대립 형질이나, 나는 한쪽 눈이 분홍인 3마리의 쥐와 한쪽 눈이 검은색인 1마리의 쥐를 실험으로 확인했다. 이들 이형 접합자에서 어느 때는 우성이, 어느 때는 열성 형질이 나타남을 알게 되었다. 또한 이들 결과가 유전자들의 분리로부터 기인하는 것이 아님을 찾아낼 수 있었다"

모건은 멘델의 이론이 썩 마음에 들지는 않았지만, 같은 시기에 발표된 돌연변이설로서 만족하게 되었다. 1900년에 모건은 유럽을 방문했고, 네덜란드의 힐베르쉼을 찾았다. 그곳에서는 식물학자 드 브리스가 멘델의 법칙을 인정하고, 1886년 집 근처 공터에서 자라고 있는 달맞이꽃 중에서 큰달맞이꽃을 발견했는데, 이것이 드 브리스가 돌연변이라고 부르게 된 것이었다. 총 50,000개체 중에서 그는 77가지 유형으로 분류되는 약 800개체의 돌연변이체를 얻었다. 드 브리스는 큰달맞이꽃과 같이 갑자기 새로운 형질이 나타난다면 이는 새로운 종이 기존의 종에서 생길 수 있다는 가시적인 예라고 생각했다.

드 브리스는 1915년까지 유기 화합물이라고 생각되는 물질이 변함으로써 돌연변이가 생긴다고 설명했다. 그러나 모건은 다음과 같이 생각했다. "유전자가 유기 화합물이므로 유전자는 안정하다는 매력적인 가설을 부인하기는 어렵다."

　만약 새로운 품종이나 종이 돌연변이에서 빈번하게 자연 발생적으로 생겨난다면, 생물의 다양성을 설명할 다른 이론이 필요치 않다. 그러나 생물의 다양성에 관해서는 적어도 세 가지 학설이 그때 널리 공표되었다. 가장 오래된 학설—즉 신이 B.C. 4004년에 각각의 종을 하루에 창조했고, 6일에는 다양한 세계를 창조했다—은 다윈의 지지자들이 이미 강렬하게 비난했다. 다윈의 진화론은 1859년 『종의 기원(The Origin of Species)』으로 출판되었으며, 초판 1,250부는 출판 첫날 모두 팔렸다.

　수많은 종류의 식물로 뒤엉키고 새가 우는 숲속, 훨훨 날아오르는 수많은 곤충과 축축한 흙 속을 기어다니는 벌레가 있는 둑을 관찰하는 일은 재미있다. 또한 다양하고 정교하게 만들어진 각양각색의 생물들이 각기 다른 복잡한 방법으로 서로 연관되어 있다는 사실은 이들에게 공통으로 작용하는 법칙이 있음을 뜻한다.

　즉, 이들 모든 생명체는 생식에 의해 연속성이 유지되며 이 과정에서 어버이의 형질이 유전되므로 연면히 대를 잇는다. 다양한 행동, 사용과 비사용에 의한 다양성, 살아남기 위한 투쟁, 그리고 자연선택의 결과로서 개발된 특성이 생기든가 소멸되든가 한다. 그러므로 자연의 투쟁으로부터 또는 기근과 죽음의 과정을 거쳐 고등한 생물이 진화한다. 즉 이 지구가 중력의 법칙에 따라 주기적으로 태양을 돌고 있는 동안에 간단하고 원시적인 형태의 생물에서 가장 아름답고 화려한 형태의 생물들이 진화했고 현재도 진화하고 있다.

다윈은 비글(Beagle)호로 여행하는 동안(1831~1836년) 생물이 진화한다는 사실을 발견했다. 그는 이 여행 중에 많은 종류의 동식물과 화석을 채집했다. 그러나 진화를 인식하는 것과 그것이 어떻게 발생했는지를 설명하는 것은 별개의 문제였다. 그는 맬서스(Malthus)의 『인구론(Essay on Population)』에서 아이디어를 얻었다. 즉 "그것은 전 동식물계에 적용된다는 맬서스의 원리이다. 이 경우에 인공적으로 식량이 증가될 수 없으며 또한 결혼을 금지할 수도 없다." 많은 자손들이 생기는 한, 가장 적합하고 적응된 개체들만이 식량을 얻기 위한 투쟁에서 살아남을 것이다.

그러나 다윈은 또 다른 어려움에 봉착했다. 그는 기다란 목을 가진 기린이 음식을 먹는 데 더 유리하기 때문에 살아남기에 더 좋을 것이라는 걸 알고 있었다. 그러나 그 기린이 어떻게 기다란 목을 가지고 태어났으며, 그 기다란 목이 어떻게 종족 내에서 유전되고 보존되는지는 몰랐다.

이런 의문점에 대한 해답으로 다윈은 라마르크(Lamarck)의 '획득형질의 유전'이라고 하는 당시 제3학설의 일부를 마지못해 수용하게 되었다. 1809년 라마르크는 생애 동안에 획득한 신체상 기능, 습관, 신체적 구조는 그들의 자식에게 전해질 수 있다고 주장했다. '발전의 경향', '동물의 완만한 자발적 행동으로부터 적응' 등 라마르크의 무의미한 언어로부터 하늘이 자신을 방어해 주었다고 다윈은 저술했지만, 그의 일기장에 의하면 그는 이미 융합 유전을 수용하고 있었다. 그런데 그 당시 공학자인 젠

킨(Jenkin)은 융합 유전은 각 세대에서 절반의 유전적 변이의 소실 때문에 자연선택의 점진적인 작용과는 수학적으로 모순된다는 것을 지적해 냈다. 다윈은 한 세대가 다음 세대로 유전된다는 것 외에 기린의 목이 어떻게 길어졌는지는 알지 못했다.

이 점이 전 세계적으로 논의의 대상이 되었다. 모건은 홉킨스, 브린 모어, 컬럼비아, 우드 홀 등에서 진화론을 주장했다. 연구실의 어느 한 곳에서 저녁을 먹은 후에 모건의 노스승인 브룩스가 유전에 관하여 언급하고 있을 때, 윌슨이 거리낌 없이 "브룩스 씨, 당신이 말한 논리의 어떤 것도 이해할 수 없소"라고 말했다. 그때 브룩스가 일어나서 현관의 난간 위로 담배 연기를 내뿜으며 "윌슨, 나는 당신에게 어떤 기대도 한 적이 없소. 내가 한 말이 어떤 뜻인지 이해가 안 된다면 이 문제에 대해서 오랫동안 열심히 생각해 보시오"라고 답했다.

그러나 브룩스의 철학적 사고는 모건과 윌슨에게는 낭만적으로 여겨졌을 뿐, 진화론의 논점을 해결하는 방법은 못 되었다. 진화론의 논점은 실험을 통해서 행해져야 한다. 그 점이 헉슬리, 로브 및 유럽 경험론자의 기계론 철학에 따라 모건이 사용하기로 결정했던 방법이었다. 1903년에 푸앵카레(Poincaré)는 "실험이 진리의 유일한 자원이다. 실험만이 우리에게 새로운 어떤 것을 가르쳐 줄 수 있다. 실험은 우리에게 확실성을 가져다줄 수 있다"고 강력하게 주장했다.

1개의 난자가 성체가 되기까지의 진화는 실험적으로 연구될 수 있다. 모건은 라마르크의 획득형질의 유전과 다윈의 자연선택에 대한 양 학설을 반증하기 위한 실험을 하고자 결심했다(마찬가지로 오래전에 모건은 멘델의 유전 법칙도 반증하는 실험을 고려하고 있었다). 그 당시 모건의 철학관은 그의 저서 5권 중 첫 권에서 '진화와 적응'이라는 진화론의 주제로 대변되고 있었다. 그 책은 "찬양과 존경의 징표로서 브룩스 교수에게" 봉헌코자 1903년에 발행되었다. 이것은 모건이 봉헌했던 3권의 책 중 한 권이었다(한 권은 그의 모친에게 봉헌되었고, 또 한 권은 윌슨에게 봉헌된 바 있다). 모건은 이 책의 463쪽에서 브룩스의 주장에 관해 다소 부정적으로 언급했다. 그러나 470쪽 대부분은 브룩스가 가장 좋아했던, 즉 다윈의 진화론에 대한 모건의 혐오가 가득했다. 그 책은 드 브리스와 멘델은 옳지만, 다윈과 라마르크는 옳지 않다고 결론짓고 있다. 예컨대 모건은 다윈의 생존 경쟁에 대한 증거를 수용하지 않았다. "수백만의 개체 세균이 먹이 공급이 고갈되는 시기에 노출되면 그들 모두는 보호 장치인 휴지기 단계로 접어든다." 드 브리스와 대담한 후 모건은 다음과 같이 새롭게 단언했다.

"새로운 방법으로 진화의 과정을 관찰할 수 있는 시대가 다가왔다. 자연은 새로운 종을 분명히 만들어 낸다. 이렇게 만들어진 새로운 종 가운데는 생존을 계속해 갈 수 있는 장소를 용케 발견하는 일부 종도 있을 것이다. 그 새로운 종의 일부는 어떤 지역에 잘 적응해 그곳에서 번성할 수 있다. 다른 일부 종은 불안정한 생존을 겨우 이어 나가는 수도 있는데, 그 이유는 그들이 적절한 장소를 발견하지 못해 잘 적응하지 못했기 때문이다. 한편 다른 일부 종은 그들이 번성할 수 있는 장소를 전혀 발견할 수 없는데 그런 경우는 발생할 수조차 없게 된다. 이런 관점에서 볼 때 진화의 과정은 그 성공이 단지 모든 경쟁자의 멸망을 통해서만 이루어진다고 추정할 때보다 훨씬 자연적인 사실로 나타난다. 진화의 과정은 엄청난 개체의 사멸을 수반하지 않을 수도 있다. 왜냐하면 불안전하게 적용된 것은 심지어 출발도 할 수 없기 때문이다. 진화는 모든 것에 대한 모든 투쟁이 아니라, 자연에서 점유되지 않은 장소나 불완전하게 점유된 장소에 대한 새로운 유형의 창조인 것이다."

모건은 30여 년의 세월이 지나서야 진화론과 자연선택을 서서히 수용하게 되었지만, 그의 불안은 지속되었다. 한편 생애 말기에 그는 홀데인(Haldane), 피셔(Fisher) 및 라이트(Wright)의 수학적 공헌을 인정했지만, 진화론이 실험적으로 다루어져야 한다는 본래의 주장을 여전히 고집했다.

모건은 컬럼비아에서 그의 제자인 멀러(Muller)의 영향을 받아 부분적으로 자신의 마음을 바꾸게 되었다. 그 당시 멀러는 "자연선택에 대한 다원의 학설은 의심할 여지없이 모든 시대의 가장 혁신적인 학설이었다." 그리고 "다윈이 대가의 솜씨를 보인, 진화론을 위한 증거에 대한 정리는 인간 철학적 사고의 역사에서 유례가 없는 지능적 기념비를 오늘날까지 유지하고 있다"고 극찬했다. 모건은 실험 생물학자였으므로 항상 구체적 증거에 의해 더 감명을 받았다. 따라서 진화론과 자연선택에 대한 문제도 그가 1922년 6월 12일에 옥스퍼드(Oxford)를 방문하는 동안에 잘 해결되었다. 헉슬리는 의태를 예증하는 풀턴(Poulton)의 경이적인 계열의 나비들을 포함한 여러 그룹의 곤충에서 적응 착색법의 대표적인 몇 가지 표본을 발표하기 위해 동물학회를 마련했다. 그의 결과는 자연선택이 아니고서는 어떤 설명으로도 해석할 수 없었다. 그때 헉슬리는 다음과 같이 모건의 반응을 평했다. "점심을 먹기 위해 그를 불러오려고 올라갔을 때 나는 그를 설득할 수가 없었다. 그는 '당신의 연구 발표는 정말 비상하군요! 나는 이런 일이 존재한다는 것을 정말 몰랐어요!'라고 말했다." 헉슬리는 후에 "적응과 적응을 생산해 내는 자연선택의 효력에 대해 모건이 믿은 시점이 그때였다는 것을 나는 자랑으로 여긴다"라고 말했다.

진화론에 관한 모건의 많은 책은 그가 마지못해 다윈의 진화론을 수용한 것임을 보여 준다. 진화론에 관한 그의 최후의 책에서조차 모건은 다윈 진화론의 주요 원리를 수용하고는 있지만 다음과 같은 조건을 고수했다.

집단이 아주 소수의 개체를 선택함으로써 그다음 세대가 그 방향으로 한 단계 진전될 것이라는 자연선택설의 암시는 오늘날에는 틀린 것으로 알려져 있다. 초기 변이를 일으키는 유전 인자나 또는 환경 인자 둘 다 그런 발전을 가져다주지 못한다.

반면에 만약 변이가 생긴다면 본래의 제한 한계를 초월하는 유전 인자 때문에, 그들 변이는 실제의 점진적인 변화에 대한 요인으로 자연선택을 공급하게 될 것이다. 만약에 이미 출현했던 모든 새로운 돌연변이형이 생존하여 자신과 같은 자손을 남겼다면, 현재 존재하는 모든 종류의 동식물 이외에 헤아릴 수 없을 정도의 수많은 생물이 오늘날 존재해야 할 것이다(『The Scientific Basis of Evolution, pp. 130~31』).

헉슬리는 드디어 모건이 진화론을 믿게 된 것에 만족하면서, 기쁜 마음으로 자신의 1942년도 판『진화론(Evolution)』(1942) 책을 생물학 발전에 많은 기여를 한 모건에게 봉헌했다.

모건은 20세기 초의 발생학자였지만 진화에 관해 매우 확실하게 알고 있었다. 그의 저서인『진화의 과학적 기초(The Scientific Basis of Evolution)』에서 볼 수 있듯이 그는 생물의 진화를 고생물학이 아닌 발생학적인 측면에서 입증하기 위해 계속 노력해 왔다. 모건은 연구 생활의 시작부터 끝까지 자신을 순수한 발생학자라고 생각했다. 브린 모어를 떠나 컬럼비아로 가서도 그는 발생학적인 문제에 관한 실험적 연구를 계속했으며, 그중 많은 결과들이 그의 저서『실험동물학(Experimental Zoololgy)』(1907)에 실려 있다.

그는 불가사리의 정자에 대한 실험에서 암모니아와 염류 등으로 자극을 가한 실험 결과를 보고했으며, 서로 다른 종의 성게를 실험적으로 교배시킨 결과 불가사리의 생존이 계절과 수온의 영향을 받는다는 사실도 밝힌 바 있다. 그는 항상 초기 발생 후에 나타나는 현상을 증명하는 데 흥미를 느꼈기 때문에, 발생 과정이 핵과 핵 내에 있는 염색체에 의해서만 지배된다는 사실을 축소하려고 했다. 그에 관해 모건은 "대부분의 발생학자들은 원형질에서의 모든 변화를 전적으로 핵의 영향에 의한 것으로 받아들이는 경향이 있다. 그러나 나는 이러한 영향이 원래는 핵에 의해 시작되지만 후에는 정자와 함께 도입된 원형질에 의한 것일 수 있다고 생각한다"라고 언급하기도 했다. 그는 배의 분할법, 분열 속도와 함께 정자의 종류에 관계없이 알이 지니고 있는 특성을 나타내는 초기 단계의 모든 발생에 대해 드리슈가 발견한 사실들을 인용해 설명하려 했다. 그런 사실들이 모건으로 하여금 "핵 내의 염색질이 모든 것을 조절하는데, 왜 정자가 지닌 부계의 요소는 지체되어 나타나는 것일까" 하는 의문을 제기하도록 만들었다. 그는 "정자는 단지 염색질만으로 이루어진 것처럼 보이지만, 거기에는 우리가 보는 것보다 더 많은 세포질이 있을지도 모른다"라고 주장하면서 발생에 대한 염색체의 영향에서 탈피해 보려고 노력했다.

멘델은 1870년 9월 27일 네겔리 교수에게 쓴 편지에서 성의 결정 메커니즘이 유전과 분리된 현상을 증명하는 데 이용될 수 있을 것이라고 제안한 바 있다. 그러나 그러한 제안은 멘델의 다른 생각들과 마찬가지로 잘 이해되지도 않았으며, 쉽게 잊혀졌다. 멘델의 업적이 재발견 된 1900년에도 그 관계는 불확실한 것으로 보였다. 이 시기에 모건은 "성이 어떻게 유전자에 의해 결정될 수 있을까? 또한 암수 어느 것이 우성일까?"에 관해 의심을 품고 있었다.

그러나 세포학자들은 그러한 의문은 제쳐 둔 채 성의 결정에 성염색체가 어느 정도 관여하는지에 관해서만 알아내려고 노력하고 있었다. 왜냐하면 대부분의 염색체들은 한 쌍의 성염색체를 제외하고는 모두 똑같은 상동염색체 쌍으로 존재하기 때문이었다. 상동이 아닌 여분의 염색체인 성염색체들은 후에 X와 Y로 불리게 되었으며, 많은 학자들이 성염색체가 직접 성 결정에 관여하는 것으로 생각했다.

성의 결정을 염색체의 영향으로 설명할 수 있는 결과들이 속속 발견되었다. 또한 반대의 주장이 나오기도 했다. 그 실례로 굴은 기후에 따라 성을 바꾸는 능력을 보유하고 있으며, 누에와 같은 곤충은 환경 요인에 의해 암수의 비가 변한다. 또한 지렁이는 항상 자웅동체이며, 자웅동체인 종은 암컷이면서 동시에 수컷도 된다는 사실이 밝혀졌다. 영국에서 연구된 바에 의하면, 나방과 새의 암컷은 2개의 X 염색체를 가지는 것이 아니라 Z와 W 염색체로 구성된 이형 배우자로 밝혀진 반면, 미국의 연구에서는 곤충에서 수컷이 이형 배우자인 것으로 밝혀진 바 있다. 영국과 미국에 모두 분포하는 곤충의 일종에 대한 연구 결과, 영국 형에서는 미수정란에서 수컷으로 발생하며, 미국 형에서는 미수정란이 암컷으로 발생하는 것으로 밝혀져 성의 결정에 관한 다양성이 제기됨과 동시에 혼란이 야기되기도 했다.

정자가 지닌 X나 Y 염색체에 의해 성이 결정된다는 단순한 견해는 자연적 또는 인위적인 단위 생식이 밝혀지면서 더욱 받아들여지기 어렵게 되었다. 로브는 정자 없이 개구리의 알로부터 암컷과 수컷을 발생시키는 데 성공했는데, 이 경우에도 과연 정자가 성을 결정한다고 할 수 있겠는가?

여러 가지 연구 결과들이 모건으로 하여금 성 결정 메커니즘에 더욱 흥미를 가지게 만들었다. 1903년에 그는 당시의 이론을 재조명했으며, 1906년에는 포도밭에 사는 작은 파리인 필록세라(Phylloxera)에 관한 연구에 착수하여 7년간 수행했고, 이 연구에서 단위 생식법을 통해 암수 개체를 발생시킨 바 있다. 그러나 1910년 이전에는 그러한 연구 결과가 단순히 염색체에 의한 성의 결정과 일치하지 않는 것으로만 여겨졌다.

1907년에 발간된 『실험동물학(Experimental Zoology)』에서 모건은 성 결정의 내적 요인에 관해 논의하면서 비염색체적인 성의 결정 인자를 염두에 두고 있었다. 그는 스티븐스(Stevens)에 의해 이루어진, 딱정벌레의 일종인 테네브리오(Tenebrio)에 관한 연구와 윌슨이 수행한 풍뎅이의 일종인 리게우스 퍼치커스(Lygaeus furcicus)에 관한 연구 결과에서 대단히 중요한 문제가 해결되었음을 지적했다. 그들의 연구는 각각 하나의 X 염색체를 지닌 수컷과 하나의 Y 염색체를 갖는 수컷을 보여 주는 것이었다. 모건은 성의 결정에 관해 더 단순한 가설을 설정할 수 있을 것으로 보고, 배의 성이 알이나 정자에 의해 결정되는 것이 아니라, 배의 세포 내에 존재하는 염색질의 활성에 기인하는 양적 반응에 의해 나중에 결정될지도 모른다고 생각했다. 그는 유성 생식의 결과로 종이 다양해진다는 바이스만의 제안을 조금 비판적으로 본 것 같다. 모건은 언제나 목적론적인 설명을 싫어했으며, 유성 생식에 의해 생겨나는 종의 다양성은 무성 생식에서도 나타난다고 주장했다.

이 시기에 모건은 자웅동체인 우렁쉥이속에 속하는 유령멍게(Ciona intestinalis)가 자가 수정하지 못한다는 하버드 대학 캐슬(Castle)의 연구 결과를 접하고, 자가 불임성에 관한 연구를 시작했다. 그에 관해 모건은 "나는 자가 불임성이 어떻게 일어나는지를 알아내기 위한 일련의 실험을 수행했다"고 적고 있다. 그는 알이 그 자신의 정자를 다른 개체의 난소 추출물이나 혈액을 통해 받아들이는 것은 불가능하며, 반대로 정자가 다른 개체의 정소 추출물이나 혈액을 통해 그 자신의 알로 들어가는 것도 불가능하다는 것을 알아냈다. 모건은 그 결과에 대한 설명이 복잡하고 어렵다는 것을 알았으나, 이 문제를 해결하기 위해 평생 동안 노력했으며, 죽을 때까지도 이에 관한 연구를 계속 수행했다.

모건은 항상 수십 가지의 실험을 동시에 수행했는데, 그중 대부분은 그가 예상했던 것처럼 실패로 끝났다. 그는 가끔 세 종류의 실험을 한다고 농담처럼 말하곤 했다. 그중 하나는 어리석은 실험이고, 또 하나는 대단히 어리석은 실험이며, 마지막 하나는 그들보다 더 어리석은 실험이었다. 그러나 이 시기에 라마르크의 진화론인 용불용설을 입증하기 위해 수행한 실험에서 예상하지 못했던 결과를 얻게 된다. 그 내용은 다음과 같다. 1908년에 모건은 한 대학원생에게 초파리를 암실에서 기르도록 했다. 이는 초파리가 눈을 사용하지 않게 함으로써 여러 세대 후에는 눈이 퇴화된 초파리를 얻으려는 목적에서였다.

대학원생 페인(Payne)은 그 이전에 쿠바산 눈먼 도마뱀, 동굴에서 사는 인디애나(Indiana)산 눈 없는 어류에 관한 연구를 수행한 바 있는데, 모건도 그와 유사한 실험을 하고자 실험실 창가에 바나나를 놓고 초파리를 채집했다. 초파리는 잘 익은 과일에 모여드는 작은 파리이다. 초파리를 유용한 실험동물로 이용하려는 시도는 하버드 대학 캐슬로부터 얻은 아이디어였다. 캐슬의 문하생인 우드워드(Woodward)는 자가 교배의 영향을 연구하기 위해 1900년부터 초파리의 교배 실험을 수행해 왔다. 페인은 초파리를 69세대 동안 암실에서 기르면서 눈의 퇴화를 유도했으나, 결국은 실패했다. 그는 69세대째 초파리에 빛이 비치자 순간적으로 눈이 멍

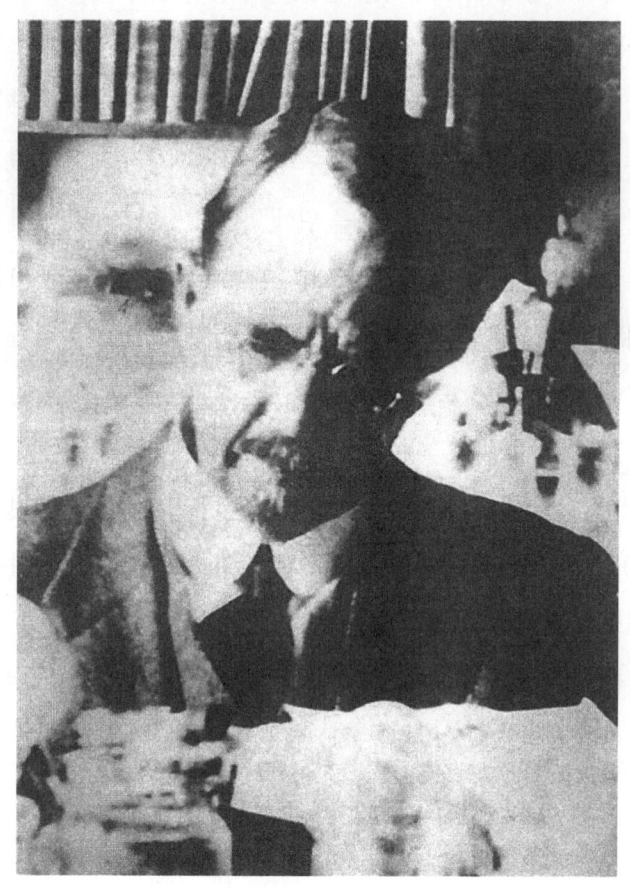

초파리 사육실의 모건.

출처: 토브 모어 박사 제공

한 상태가 된 것 같은 상황을 발견하고, 모건을 불러 이를 성공적인 결과처럼 설명하려 했으나, 초파리는 곧 빛에 적응하여 아무 일도 없었던 것처럼 창문가로 날아가 버렸다.

컬럼비아 대학에 있는 모건의 실험실에 도입된 초파리는 여러 실험에서 매우 이상적인 실험동물임이 입증되어 이용되기 시작했다. 초파리는 쉽게 대량 번식이 가능하며, 사육을 위한 먹이도 짓이겨 발효시킨 바나나 정도면 충분해 경제적이다. 또한 크기가 매우 작기 때문에 약 20평 넓이의 방에서 작은 우유병을 이용해 수만 마리를 기를 수 있다. 이런 이유로 컬럼비아 대학에 있는 모건의 실험실은 곧 '초파리 사육실'이라는 명칭을 얻게 되었다.

모건이 대학원생인 페인과 함께 초파리를 가지고 수행한 두 번째 실험은, 1904년 뉴욕에 있는 콜드 스프링 하버(Cold Spring Harber)에서 연구하고 있던 드 브리스가 돌연변이는 인공적으로 유도될 수 있다고 주장한데 자극을 받아 시작되었다. 드 브리스는 뢴트겐(Roentgen)과 큐리(Curie)가 사용한 방사선이 살아 있는 세포 내로 투과될 수 있으며, 이는 생식 세포 내의 유전 물질을 변화시키는 데 이용될 수 있을 것이라고 주장했다. 모건과 페인은 2년간 초파리에 X선, 라듐, 다양한 범위의 온도, 염, 당, 산, 알칼리 등을 처리하면서 실험을 수행했다.

1910년 브린 모어에서 같이 지냈던 오랜 동료인 해리슨(Harrison)이 모건을 방문했다. 그때 모건은 실험실에 줄지어 놓여 있는 병 속의 초파리들을 가리키면서 "나는 2년간 헛된 연구를 해 왔다네. 이 초파리들을 계속 교배시켜 왔지만 얻은 결과는 하나도 없네"라고 술회했다. 그러나 실제 그는 실패하지 않았다. 초파리 연구를 통해 이미 새로운 발견이 싹트고 있었다.

✦

Thomas Hunt
Morgan

5

컬럼비아 대학교 시절

연구자는 모든 가설—특히 연구자 자신의 가설—에 대해
의심하는 자세를 길러야 하며, 그 가설에 모순되는 증거가 발견되면
즉시 그 가설을 포기해야 한다.
– 토머스 헌트 모건 『실험발생학』에서 –

대부분의 중요한 발견은 그것을 발견하는 사람에 앞서
누군가가 이미 생각하고 있었던 것이다.
– 앨프리드 노스 화이트헤드 –

베이트슨이 가끔 인용하는 "당신이 소중히 하는 것을 버리기는 어렵다
(Treasure your exceptions)"는 내용의 격문은 지키기 어려운 충고이다. 예
외는 한번 인정하고 나면 외면하기 어렵고, 교묘한 수단은 예외를 인정하
게 만든다. 라마르크의 달맞이꽃에서 발견된 드 브리스의 큰달맞이꽃 돌
연변이를 기대했기에, 초파리 연구가들은 날개 모양이나 눈의 색에서 미
세한 돌연변이를 인식하기 어렵다는 것을 알게 됐다. 1/4인치 크기의 초

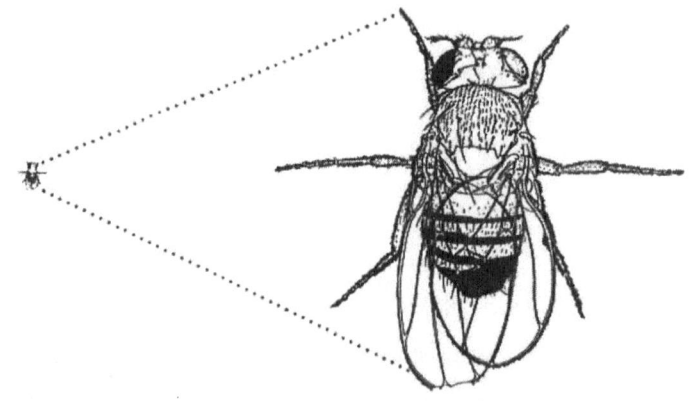

이 초파리의 실제 크기는 매우 작지만 현미경으로 보면 매우 쉽게 많은 돌연변이 현상을 발견할 수 있다. 몸의 왼쪽이 오른쪽보다 더 크다. 왜냐하면 암컷이 수컷보다 더 큰 것처럼, 왼쪽은 암컷이고 오른쪽은 수컷이기 때문이다. 그리고 몸은 오른쪽으로 구부러져 있다. 이러한 자웅동체들은 2,200마리의 초파리에서 대개 1마리 정도 발생한다. 왼쪽은 모체로부터 이어받은 노치 윙(notch-wing)의 우성 형질을 보여 주며, 오른쪽은 성연관 열성 형질인 순판, 성게와 같이 생긴 붉은 눈, 넓은 날개, 갈라진 강모들이 보이는데 이 모든 것은 부계로부터 온 것이다.

출처: Morgan, Bridges, Sturtevant의 『The Genetics of Drosohphila』 그림 49에서 인용

파리에서 비정상의 돌연변이를 발견하기가 얼마나 어려운가를 이해하기 위해, 그림에서 매우 크게 확대된 초파리의 자웅동체에서 여러분이 얼마나 많은 비정상을 발견할 수 있는가를 예시했다.

하버드 대학교에서 2년 동안 초파리를 길렀던 우드워드 교수는 어떠한 돌연변이도 발견하지 못했다. 또 캐슬은 초파리를 러츠(Lutz)에게 넘겼으며 러츠는 적어도 하나를 발견했다. 그리고 러츠는 모건에게 초파리를

넘겨준 후 연구를 포기하고 말았다(모건의 제자인 페인이 처음으로 모건의 실험실에서 초파리를 사용했지만 그의 실험은 암 적응 실험이었으므로 돌연변이체를 발견할 수 없었다).

그러다 마침내 1910년 5월, 행운의 여신이 모건의 실험실을 찾아왔다. 흰 눈을 가진 1마리의 초파리 수컷이 태어난 것이다. 반면에 함께 태어난 형제자매는 붉은 눈이었다. 이것은 분명한 돌연변이체였고, 이 흰 눈 초파리는 과학사에 남을 가장 유명한 곤충이 되었다.

그것은 어디서 생겨났을까? 모건은 그의 초파리 집단에서 돌연변이를 유발하는 데 성공했다. 그는 『사이언스』(1911)에, 초파리의 번데기, 유충, 알에 라듐선을 쪼이자 같은 달에 흰 눈 초파리가 생겼다고 보고했다. 그리고 1911년 3월, 그의 친구 로브에게 편지를 썼다. "지난 여름에 말했듯이 라듐 조사로 날개 돌연변이를 얻는 데는 실패했으나 적어도 2마리의 눈 돌연변이체는 얻었다네."

이 발견은 또한 돌연변이(체)는 유전된다는 가능성을 보인 것이다. 1904년부터 1909년까지 콜드 스프링 하버에 있는 카네기(Carnegie) 연구소에 있다가 나중에 미국 자연사 박물관으로 옮겼던 러츠는 『수많은 곤충들(A Lot of Insects)』에서 흰 눈 초파리를 처음 발견한 것은 자신이라고 적고 있다.

"모건 교수가 연구소를 방문했을 때 난 그에게 흰 눈 초파리는 가계도가 있는 계통의 하나에서 발생했지만, 나는 비정상적인 익맥 연구로 너무 바빠서 그 초파리에 관여하지 않았다고 말했다. 모건이 이 흰 눈 초파리

'변종'의 자손을 가져가서 번식시켜 마침내 흰 눈 초파리의 후손을 얻었다. 이 이야기는 나에게 영예가 되는 것은 아니다. 만약 내가 흰 눈 돌연변이체가 얼마나 가치 있는 일이었는가를 깨달았다면, 그 초파리를 주었을 때 마음이 편치 않았을지도 모른다. 그러나 초파리는 적절한 학자에게 적절한 때에 옮겨졌으므로, 사실 그 초파리는 모건의 초파리라고 불러도 손색이 없다"

모건은 이와 같은 러츠의 소견이 마음에 들지 않았다. 1942년에『유전학 저널(The Journal of Heredity)』에 러츠의 책에 대한 서평을 쓰면서 한 독자가 이 문제를 모건에게 확인했다.

모건은 이에 대해 그가 러츠에게 초파리의 분양을 요구한 적이 있었으나 러츠의 흰 눈 초파리는 포함되지 않았고, 흰 눈 초파리의 자손도 포함되지 않았다고 답변했다. "흰 눈 초파리의 발견 자체보다는 이의 활용이 더 중요하지 않은가"라고 그는 덧붙였다.

모건은 적어도 두 계통의 초파리를 갖고 있었는데 하나는 러츠에게서 얻은 것이고, 다른 하나는 페인이 수집한 것이었다. 그는 명백히 흰 눈 초파리의 선조는 연구실의 열려 있는 유리창 밖 어디에서인가 날아들어온 것이라고 생각했다. 그리고 모건이 바로잡지 못한 가계도에서는 흰 눈 초파리가 5월에 처음 태어났다고 기록되었지만, 첫 흰 눈 초파리 수컷은 1910년 1월 5일에 태어난 모건의 셋째 아이보다 조금 앞서 태어났음이 틀림없다. 이 일화에 의하면 모건은 아내의 출산 소식을 듣고 병원으로 달려갔고, 그곳에서 그의 아내는 남편에게 "흰 눈 초파리는 어때요?"라고 물었다. 모건의 아이는 건강했으나 초파리는 연약했다. 모건은 밤에 초파리를 집에 가지고 가서 그의 침대 곁 항아리 안에 넣어 재웠다. 그리고 낮에는 연구소에 다시 데려왔다. 그 결과 흰 눈 초파리는 정상의 붉은 눈 암컷과 교배할 정도로 건강해졌다.

흰 눈 초파리가 용화할 때마다—아마 1910년 5월 모건이 베이트슨에게 주의 깊게 "초파리가 흥미로워 보인다"고 썼을 때—모건은 더 많은 흰 눈 초파리를 얻기 위해 즉시 교배했다. 10일 후에 1,240마리의 자손이 태어났다. 이들은 모두 붉은 눈을 가지고 있어야 한다. 멘델 용어로 붉은 눈은 흰 눈에 대해 우성이기 때문이다.

그러나 이상하게도 모건의 흰 눈 초파리 첫 세대에서 3마리의 흰 눈을 지닌 수컷이 나타났다.

유전학적으로 이것은 거의 불가능한 일이었다. 불분리 현상이나 실험실에서의 불완전한 통제, 번식할 당시 부주의나 수를 잘못 세는 것, 그리고 러츠의 주장이 차라리 설명하기에는 더 용이하였으리라. 만약 러츠의 흰 눈 수컷 초파리가 번식할 정도로 오래 살고, 그 초파리의 암컷 후손이 모건에게 넘겨졌다면, 그때 이 초파리는 붉은 눈 유전자 1개뿐 아니라 흰 눈 유전자 1개도 물려주었을 것이다(헤테로형의 아버지로부터 1개, 정상적인 호모형의 붉은 눈 어머니로부터 1개). 이 암컷은 붉은 눈 유전자가 우성이기 때문에 붉은 눈을 가졌을지도 모르며, 이 암컷의 후손 중 흰 눈 유전자를 이어받은 수컷은 흰 눈을 가졌을지도 모른다. 모건은 3마리의 수컷 흰 눈 초파리를 폐기 처분하고 무시했다.

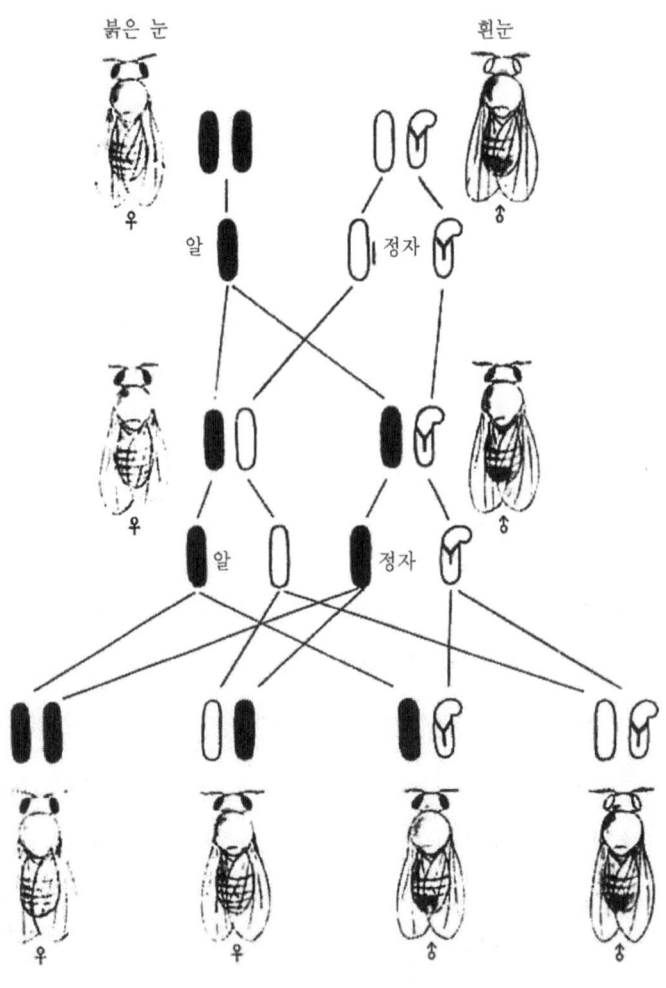

흰 눈 초파리 수컷과 붉은 눈 초파리 암컷 사이의 교배. 성염색체는 막대로 표시했는데, 검은 막대는 붉은 눈을 나타내는 인자를 지닌 염색체, 흰 막대는 흰 눈의 인자를 나타낸다.

출처: 모건의 『A Critique of the Theory of Evolution』 그림 58에서 인용

잡종 제1대인 F_1을 자가 교배하자, 10일 후에 멘델 법칙에 따라 3,470마리의 붉은 눈을 가진 정상 초파리와 782마리의 흰 눈 초파리가 태어났다. 약 3:1로 멘델 법칙에 따라서 붉은 눈 형질과 흰 눈 형질이 분리된 것이다. 모건은 즉시 이 교배 결과를 논문으로 정리하여 1910년 7월 7일 『사이언스』에 투고했다. 이 역사적 논문의 사본은 유명한 세포학자인 달링턴(Darlington)이 소유하고 있다. 이 최초의 초파리 논문은 가빈 드 비어(Gavin de Beer) 경이 "모건과 그 동료들의 초파리에 대한 이 같은 획기적인 실험은 멘델의 유전 법칙이 옳다는 것을 하등 의심의 여지없이 바로 확인시켰다"라고 말한 것처럼, 유전학의 태동을 예고한 것이었다.

그러나 이 처음의 실험 결과에는 이례적인 부분이 있었다. 멘델의 유전 법칙의 기대치에 따르면, 제2세대에서 수컷의 1/4과 암컷의 1/4이 열성 형질을 보여 주어야만 한다. 그러나 모건의 관찰에 의하면 수컷의 절반이 붉은 눈을, 나머지 절반이 흰 눈을 나타냈는데 반하여, 암컷에서는 흰 눈이 나타나지 않았고 모두 정상의 붉은 눈뿐이었다.

흰 눈 초파리가 모두 수컷에서만 나타난 이유는 뒤따른 교배 실험에 의해 곧 해명되었다. 흰 눈 수컷과 정상 암컷을 교배했을 때 모든 자손들은 붉은 눈이었고, 한편 흰 눈 암컷과 정상 수컷을 교배했을 때 자손의 절반은 흰 눈이었는데 이들은 모두 수컷이었다. 분명히 이 인자—후에 곧 유전자라고 부르게 되었지만—즉 흰 눈을 나타내는 인자가 부모의 성에 따라 영향을 받는다는 결과를 보이는 점에서 멘델의 유전 법칙의 열성 인자들과 같지 않았다. 이에 대해 모건은 눈동자 색깔 유전자 (R)과 성 결정

인자 (X)가 결합되어 있다는, 조금은 이해하기 어려운 설명을 하여, 눈동자 색깔 유전자가 성염색체와 연관되어 있다는 결론을 내렸다. "이 사실은 R과 X가 결합되어 있고, 결코 별개로 존재하지 않는다는 것이다"(그림 참조). 모건과 윌슨은 1911년 후반에 이르러서야 사람에서 나타나는 혈우병과 색맹의 유전 양상이 흰 눈 형질의 유전과 동일한 메커니즘에 의해 설명될 수 있다는 것을 알게 되었다.

모건은 스티븐의 세포학적 연구를 통해 초파리의 암컷은 두 개의 X 염색체를 가지고, 수컷은 1개를 가지고 있다는 사실을 알았음에도 불구하고, X 인자가 X 염색체라는 결론을 내리는 것을 주저했다. 그의 망설임은 다음과 같은 몇 가지 이유 때문이었다. 우선 그는 실험 결과가 부수적인 가설에 의존해야 한다는 사실을 싫어한 것처럼, 염색체 학설도 그래야만 한다고 생각했다. 둘째로 그의 결과는 영국에서 연구 보고된 나방과 새들의 어떤 형질들이 주로 암컷에서만 나타난다는 사실, 이로써 암컷은 오직 1개의 X 인자를 갖고 수컷은 2개의 X 인자를 갖고 있다는 것을 암시한 결과들과 상반되었다. 셋째로 발생이 단지 염색체들에 의해서만 결정된다는 가정은 그에게는 주위의 환경적 영향이나 세포질의 영향의 여지를 배제시킨 상태로서 다른 하나의 명목상의 전성설을 받아들여야만 하는 것처럼 보였기 때문이다. 그리고 마지막으로, 염색체들이 단순한 조절체로서의 후보자 같지는 않다는 것이다. 성 결정만이 모순된 것이 아니라 종들 사이 염색체에서도 혼란스러움이 있었는데, 예를 들면 초파리의 염색체 수는 8개, 금붕어는 104개, 나비의 일종은 380개, 개와 닭은 각각 78

개, 말은 64개, 사람은 46개로 다양하다는 점이다. 이와 같은 혼란스러움 외에도, 염색체는 그 크기가 매우 작고 마치 국회가 회기 중에는 모였다가도 회기가 끝나면 문을 닫는 것처럼 세포 분열과 분열 사이에서는 보이지 않는다는 어려움도 있다.

모건은 이외에도 다른 어려움을 피력했다. "염색체의 수는 상대적으로 적은 데 비하여 개체의 형질은 매우 많으므로, 많은 형질들이 동일 염색체 내에 있어야만 한다는 학설이 나오게 된다. 따라서 많은 형질들은 한꺼번에 연계되어 멘델식으로 유전되어야 한다. 이것이 사실일까?"(『American Naturalist』, 44:449-96; 1910년 5월 8일 제출)

몇 달 안에 4가지 다른 눈동자 색깔 돌연변이들이 나타났다. 예를 들면 성과 무관하며 또한 흰 눈과도 무관하게 분리되는 분홍색 눈, 그리고 흰 눈과 같은 성연관 양상을 띠는 반성 유전의 선홍색 눈 돌연변이체들이 나타났다. 그런 다음에야 비로소 그는 다음과 같이 인정하게 되었다

흰 눈과 선홍색 눈처럼 어떤 경우는 반성 유전인데 반해, 붉은 눈과 분홍 눈의 경우는 다른 유전 양상을 보이는 이유가 이제 분명해졌다. 이 사실들이 강력히 제시하는 바와 같이, 만약 분홍 인자가 흰 눈의 인자와는 다른 염색체에 있다면 다른 유전 양상을 보일 것이다.

다시 말하면 흰 눈(붉은 색 부재)의 인자는 성을 결정하는 인자와 연결되어 있고, 반면에 분홍의 인자는 다른 부분(염색체)에 포함되어 있다. 내게 있어 이 증거는 반성 유전 현상이 성 인자들과 문제의 다른 인자

들 간의 밀접한 물리적 관계에 기인한 것처럼 보인다. 성 인자와 반성 인자들이 염색체에 있는 것이 분명하다(『Science』 536, 1911).

같은 논문의 496쪽에서 모건 자신은 초파리에서 돌연변이들이 멘델의 유전 법칙을 따른다는 것을 "형질은 분리되며 섞이지 않는다"라고 말함으로써 완전히 확신한 듯했다.

유전자들이 염색체의 수에 일치하는 그룹으로 연관하여 유전되며, 유전자들은 아마도 염색체의 부분이라는 사실도 곧 명백해졌다.

어떤 돌연변이도 찾지 못했던 기간을 보상이라도 하듯, 모건은 매달 한두 개의 새로운 돌연변이를 찾아냈다. 흰 눈 초파리가 발견되기 전인 1910년 초반의 여러 달 동안에도 실제로는 흉부에 어두운 세 갈래 모양의 형태를 가진 초파리가 태어났고, 체색이 올리브색이거나, 날개 가장자리가 잘라져 나간 것, 날개 면에 비정상적인 색깔이 있는 것 등이 보였다. 그러나 모건은 이들을 무의미한 이상형으로 보아 소중하게 다루지 않았다. 그러나 5월 이후 너무나 많은 돌연변이들이 나타났기에, 모건이 라듐 처리로 돌연변이율을 증가시키지는 않았는지 여부를 알아본 것도 무리는 아닐 것이다. 그러나 이 질문에 대한 대답은 찾기 어렵다. 당시에는 돌연변이 빈도의 측정보다는 특정 돌연변이를 강조하고 있었기 때문이다. 모건 자신도 모든 새로운 형들을 분류하고 교배시키는 일에 좀 더 몰두해 있었고, 그의 실험 노트도 돌연변이율을 기록하고 있지 않았다. 이는 그의 동료이며 제자였던 모어(Mohr)에게 보낸 편지에서도 찾아볼 수 있다.

모어 군에게,

지난번에 자네에게 보낸 초파리 혈통에 관한 짧은 설명을 여기 보내
네. 초파리 배양 중에 나온 날개 끝이 잘려나간 새로운 변이 종으로,
그것이 어떤 계통에서 나왔는지 잊어버렸지만 아마도 어느 곳엔가는
그에 대한 기록이 남아 있으리라 보네.

1912년 말에 이르러서는 외형으로 확실히 구별할 수 있는 초파리의
돌연변이 종류가 40종에 이르렀다. 일단 어떤 돌연변이체가 확인되면 이
들을 여러 가지 방법으로 교배하는데, 즉 1세대 간, 2세대 간, 1세대와 2
세대 간, 또는 다른 돌연변이체와도 교배함으로써 연구에 필요한 유전자
군을 갖는 초파리를 얻을 수 있었다. 예를 들어 모건은 X 염색체인 1번 염
색체상에는 흰색의 눈을 갖도록 하는 유전자가 있고, 2번 염색체에는 작
은 반점을 갖게 하는 유전자, 3번 염색체에는 황록색의 체색을 갖도록 하
는 유전자, 그리고 4번 염색체에는 구부러진 날개를 갖도록 하는 유전자
를 가진 암컷을 임의로 얻을 수 있었으며, 이러한 암컷들과 새로 발견된
수컷 돌연변이체를 교배하여 새로 발견된 수컷의 돌연변이 유전자가 앞
서 언급한 유전자들 중 어느 것과 행동을 함께 하는가를 알아볼 수 있었
다. 만약 새로운 돌연변이 형질이 구부러진 날개를 가진 것과 함께 나타
나면 새로운 돌연변이 유전자는 분명히 4번 염색체에 있다고 추측할 수
있었다.

이러한 과정에 소요되는 수천 마리의 초파리는 대부분 모건이 컬럼비

아 대학 식당에서 빌려 온 반 홉들이 우유병을 이용하여 사육했다. 이들 초파리를 사육하면서 새로운 세대가 태어나면 에테르로 마취하여 죽 늘어놓은 뒤, 돋보기나 해부 현미경으로 조사하고자 하는 특징을 지닌 개체 수를 센 다음 없애 버렸으며, 간혹 또 다른 교배 실험 계획이 있을 경우에는 마취된 초파리를 다시 사육 용기 안에 넣어 마취에서 깨어나게 한 후 발효된 바나나 먹이로 길렀다. 대부분의 실험에서 수천, 수만 마리의 초파리를 세는 일은 다반사였으며, 특히 실험이 한창 진행 중일 때는 컬럼비아 대학 부근 지하철역에서 한 무리의 대학원생들이 집에서 관찰하기 위해 초파리가 든 우유병을 들고 귀가하는 모습을 흔히 볼 수 있었다. 한 번은 대학원생의 어린 아들 하나가 담임선생님이 아버지의 직업이 무엇이냐고 묻자 "우리 아버지는 컬럼비아 대학에서 초파리를 세고 있어요!" 라고 자랑스럽게 말했다고 한다.

이러한 과정에서 비정상적인 형질을 첫눈에 알아보고, 수천 마리의 파리를 관찰하여 그러한 비정상적인 형질의 보유 여부를 정확하게 파악해 내는 일은 매우 어려웠지만, 이것 못지않게 관찰된 결과가 가져오는 보이지 않는 메커니즘을 추리하기 위한 교배 실험을 설계하는 일에는 좀 더 뛰어난 재기가 필요했다. 이것은 마치 카드놀이를 할 때 상대 카드의 패가 무엇인지 모르는 상황에서 추론하여 상대의 숨겨진 카드가 무슨 패인지를 알아내려고 하는 것과 같았다. 비슷한 방법으로, 모건과 그 제자들은 초파리들 간에 유전자를 이리저리 옮기면서 이때 나타난 결과를 관찰하여 유전의 법칙을 유추해 내는 장정에 박차를 가했다.

모건은 그 발현 여부가 성에 따라 결정되는 유전자와 성을 결정하는 인자를 가지고 있는 염색체 사이에는 어떤 밀접한 관련이 있을 것이라고 확신했다. 모건의 그러한 확신은 첫 번째 논문을 발표할 당시에는 밝히기를 원치 않았던 작은 날개 돌연변이에 관한 연구에서 얻어진 또 다른 실험 결과에 기초하고 있었다. 즉, 작은 날개를 유발하는 돌연변이도 흰 눈의 경우와 같이 반성 유전 양상을 보였던 것이다. 그리하여 모건은 성을 결정하는 인자와 동일한 염색체상에 존재하는, 즉 성염색체에 존재하는 것이 확실한 세 가지 유전자(흰 눈, 선홍색 눈, 작은 날개)를 확보하게 되었다. 곧 모건은 크게 세 그룹으로 묶을 수 있었던 초파리의 수많은 돌연변이 유전자들이 앞서 그가 가정했던 대로 세 쌍의 염색체상에 각각 존재함을 발견하게 되었다.

1914년 무렵 초파리에 네 쌍의 염색체가 확연히 구별되는 데도 불구하고 오직 3개의 연관군만이 밝혀진 것에 대한 의문점이 제기되었으며, 모건은 매우 작은 염색체 쌍인 이 4번 염색체에도 유전자들이 있어, 4번의 연관군을 형성할 것이라고 예측했다. 곧이어 그의 수제자 중 하나인 멀러는 구부러진 날개를 유발하는 유전자가 바로 이 4번 염색체상에 존재함을 처음으로 발견했다. 그 뒤 구부러진 날개를 가져오는 유전자와 함께 묶을 수 있는 몇 개의 유전자가 추가로 발견되었다. 따라서 각 연관군에 있는 유전자들의 수는 그들이 속한 염색체 쌍의 길이에 비례함을 알 수 있었다.

모건이 작은 날개에 관한 연구 결과의 발표를 보류했던 이유는 다음과 같이 추측된다. 즉, 작은 날개와 흰 눈의 형질 발현이 특정한 성에 한정되거나 또는 이들의 유전 양상이 성에 의해 좌우되는 것으로 보아 이들 유전자가 성을 결정하는 인자, 즉 성염색체상에 있을 것으로 추측되지만 간혹 이들 두 형질의 유전이 독립적으로 이루어진다는 점은 앞의 추측과 모순되었기 때문이다. 다시 말하면 한 염색체상에 흰 눈과 작은 날개의 인자를 갖고 있는 어미 초파리에서 태어난 수컷 중에는 흰 눈과 작은 날개를 가진 것이 나타난다는 점이다. 실제로 두 형질 모두 성염색체와 연관된 유전자에 의해 그 유전 양상이 결정되리라고 추측되었지만 어느 정도는 독립적인 방식으로 유전됨을 볼 수 있었다.

이 문제로 고심하던 중 모건의 뇌리에 유전자가 연관되어 있음에도 불구하고 그 발현이 동시에 일어나지 않는 경우에 대해 설명할 수 있는 획기적인 아이디어가 떠올랐다. 그의 추리는 다음과 같았다. 아마도 X 염색체상에 존재하는 이들 두 유전자 사이의 거리는 그리 가깝지 않을 것이다. 감수분열 시 두 X 염색체(다른 염색체 쌍에서와 같이) 사이에서 유전자 교환이 일어날 때 두 유전자 사이의 거리가 멀다면 교환이 비교적 쉽게 일어날 것이다. 그러나 이들이 근접해 있다면 교환의 빈도는 매우 낮을 것이다.

동일 염색체의 염색 분체 사이에서 일어나는 유전자의 상호 교환 과정을 '교차'라고 하며, 같은 염색체에 있는 유전자들이 함께 행동하려는 경향을 '연관'이라 한다(이 두 용어는 모건에 의하여 제창되었다). 이러한 개념은 염색체상의 유전자를 한 벌의 화투로 생각한다면 이해하기가 훨씬 쉬

울 것이다. 개개의 화투는 유전자와 같이 구별된 단위로서 독립적으로 화투 놀이에 쓰이며 결코 낱장의 화투 사이에 혼합은 일어나지 않는다. 상동염색체 쌍은 감수분열이 일어나는 동안 아주 가깝게 붙어 있게 되는데, 이때 모계와 부계의 염색체 사이에는 유전자 교환이 마치 두 벌의 화투를 맞바꾸는 것과 같은 방식으로 일어난다. 이때 한 벌의 화투에서 두 장의 화투가 가깝게 있을수록, 한 번 떼었을 때 이들이 나뉠 가능성은 점점 줄어든다. 사실 아주 가깝게 위치하는 두 장의 화투가 나뉠 확률은 2%에 불과하고 그렇게 되지 않을 확률은 98%이다.

모건이 교차라고 명명한 염색체 일부분의 이런 방식에 의한 교환 가능성은 앞서 서튼(Sutton), 윌슨, 록(Lock)과 돈캐스터(Doncaster) 등에 의하여 제안되었다. 그러나 모건은 그의 제자인 스터트번트(Sturtevant)와 함께 이러한 가능성에 대한 유전학적 증거를 제시하고, 교차 실험의 결과로 유전자 사이의 거리(단지 수백만 분의 1인치밖에 안 되는)와 이들의 배열 순서를 추정할 수 있다고 최초로 주장했다. 다시 말하면 독립적인 분리의 정도가 높을수록, 같은 염색체에 놓인 유전자는 더 멀리 떨어져 있으리라고 추정할 수 있다. 물론 분리가 완전히 독립적이면 유전자는 전혀 별개의 염색체상에 있거나 혹은 같은 염색체상에 있다 하더라도 아주 멀리 떨어져 있음을 의미한다. 스터트번트는 다음과 같이 회고했다.

"1911년 말 (……) 나는 학부 학생이었다. 모건이 이미 지적했던 바와 같이 연관 정도의 차이가 염색체상에서 유전자의 공간적인 분리 정도

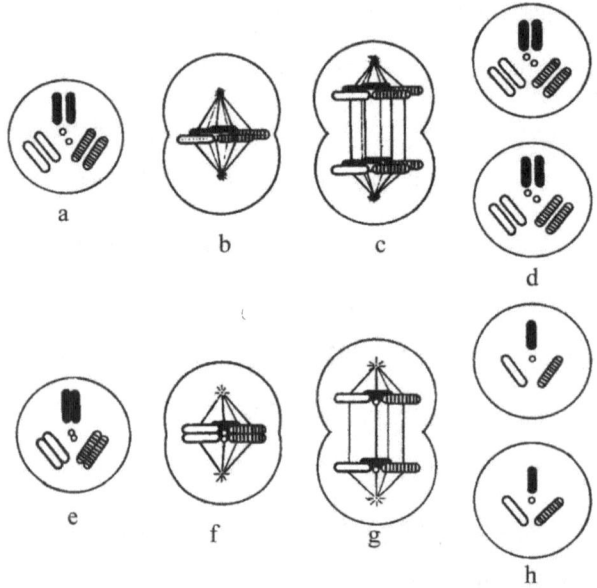

그림의 윗부분은 체세포나 초기 생식 세포에서 일어나는 것과 같은 전형적인 핵분열 과정이다. 아랫부분은 짝을 지은 상동염색체의 분리를 보여 준다. 이러한 분열은 감수분열 과정에서 일어나며 성숙한 생식 세포는 각각의 짝을 이룬 염색체 중 하나씩만을 갖게 된다.

출처: 모건의 『A Critique of the Theory of Evolution』 그림 49에서 인용

에 기인한다는 점에서, 나는 연관 정도를 이용하여 염색체상에서 이들 유전자의 일차원적인 배열 순서를 결정할 수 있음을 어느 날 문득 깨닫게 되었다. 나는 그 길로 집에 가서 학교 숙제는 제쳐 둔 채 밤을 꼬박 새우면서 첫 번째 염색체 지도를 작성했다.

이 지도에는 반성 유전자들인 y(yellow body color, 노랑 체색), W(White eye, 흰 눈), V(vermillion eye, 선홍색 눈), m(miniature wing, 작은 날개) 그

리고 r(rudimentary wing, 퇴화된 날개) 등 유전자의 상대적인 위치와 배열 순서를 염색체에 표시했다. 이때 작성한 유전자 배열 순서와 상호 간 거리는 현재 사용되는 표준 염색체 지도와도 일치한다."

훌륭한 선생 밑에서 훌륭한 제자가 나온다는 평범한 진리를 우리는 새삼 깨닫게 된다.

모건과 그의 제자들은 유전자들이 교차되는 빈도를 이용하여 모든 돌연변이 유전자들의 상호 거리를 측정하기 시작했다. 그들이 염색체상의 유전자 배열로 불렀던 염색체 지도는 그 당시 너무나 정확하게 작성된 것이어서 실질적으로 그 후 반세기가 지나도록 바뀌지 않았다. 영국의 유전

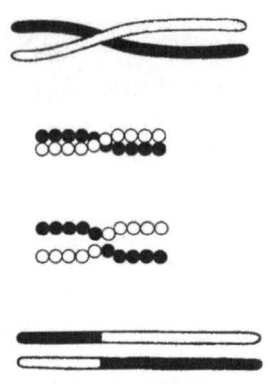

단순한 교차.

출처: 모건의 『A Critique of the Theory of Evolution』 그림 64에서 인용

학자인 홀데인(Haldane)은 모건을 기념하여 염색체 지도 작성의 측정 단위를 '모건(morgan)'으로 부르자고 제안했다. 예를 들면 스터트번트는 초파리의 노랑 체색에 관여하는 유전자는 흰 눈을 만드는 유전자와 1.5센티모건 떨어져 있고, 흰 눈의 유전자는 루비색 눈을 만드는 유전자와 5.4센티모건 떨어져 있음을 계산했다. 또한 루비색 유전자와 노랑체색 유전자는 6.9센티모건 떨어져 있기에 흰 눈 유전자가 두 유전자의 중간에 있음에 틀림없다는 것을 알아냈다.

연관에 대한 이론을 정립한 첫 번째 논문은 1911년 9월 10일『사이언스』에 모건 단독 명의로 게재했다. 독창적인 초파리 연구에 대한 2대 걸작 중 하나로 여겨지는 그 논문에서 모건은 다음과 같이 서술하고 있다.

"멘델의 유전 법칙은 단일 형질에 대한 인자들이 무작위로 분리된다는 가정에 근거하고 있다. 멘델 유전의 특징은 두 종 또는 그 이상의 형질이 9:3:3:1 또는 그 이상의 비율로 나타난다는 가정에 근거한 것

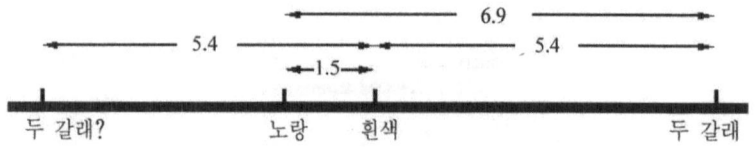

유전자 배열을 나타낸 염색체 지도.

이다.

최근에 2개 또는 그 이상의 형질이 관여할 때 멘델의 무작위 분리 가정에 따르지 않는 예가 많이 나타나고 있다. 이런 종류의 예는 초파리의 반성 유전에서도 뚜렷이 나타나고, 완두의 색깔과 화분의 모양에서도 나타나며 (……) 필자는 초파리에서 눈 색깔, 날개의 변이, 암컷이 되는 성적 요소에 대한 유전 연구 결과를 근거로 하여, 비교적 간단한 해석을 해 보고자 한다.

만일 이들 형질에 관여하는 유전자들이 특정 염색체 내에 들어 있고, 선상으로 인접해서 짝을 이루고 있다면, 이형인 양친에서 두 부위는 서로 짝지어 대응되어 있을 것이다. 이는 접합기에서 두 상동염색체가 서로 꼬여 있지만 분리될 때는 얀센스(Janssens)가 주장한 바와 같이 나뉘기 때문이다.

결과적으로 짧은 거리에 놓여 있는 유전자들은 멀리 떨어져 있는 유전자들이 반대 방향으로 갈 확률이 높은 것과 비교하여 같은 쪽으로 갈 확률이 높다. 우리는 어떤 형질에 대해서는 서로 인접해 있음을 알아냈지만, 초파리의 다른 모든 형질을 나타내는 염색체상의 유전자들이 선상으로 떨어져 있는 거리에 따른 차이에 대해서는 밝히지 못했다.

다음 논문에서 본인이 관찰한 모든 유전 현상에 대해 보고할 것이며, 지금까지 보고된 다른 형질들에 대해서는 같은 맥락에서 설명해 볼 것이다. 그 결과들은 주로 특정 염색체 내 유전자의 위치에 대한 간단한 기계론적 결과이고, 상동염색체의 결합 방법에 대한 것이며, 9:3:3:1

과 같은 수적 표현이 아니라 염색체 내 유전자들의 상대적 위치에 따라 나타나는 비에 관한 내용일 것이다.

멘델의 무작위 분리라는 의미 대신에 우리는 특정 염색체 내에 가까이, 서로 같이 존재하는 연관된 유전자를 다룰 것이다.”

모건의 논문은 평소 그가 이론에만 근거한 학설을 받아들이기 싫어한 차원을 넘어설 정도로 이론적이었고, 그가 양적 실험 방법에 열중하여 많은 자료를 제시했던 것에 비해 자료도 전혀 없는 논문이었음에 놀랄 뿐이다(모건은 그다음 해에 자료를 첨부한 논문을 썼으며, 1913년에는 스터트번트가 염색체 지도의 원그림을 논문으로 게재했다). 그러나 이 논문은 어떤 비평도 받지 않을 만큼 훌륭했고, 심지어는 모건이 참고한 얀센스의 논문 연도와 자료의 출처를 밝히지 않은 것까지도 문제가 되지 않을 정도였다. 논문을 쓸 때 모건의 이런 오류는 그의 일생 동안에 흔히 지적되었지만, 이것은 그가 다른 과학자들을 무시한다기보다는 그의 성격상의 엉성함에서 기인한 것이다.

세포학과 유전학의 학문적 결합은 현재로서는 기정사실로 받아들여지고 있지만, 두 학문은 별도로 발달하여 연계가 없었다. 예를 들면 영국에서 유전학 연구는 세포학과 별개로 행해졌다. 영국의 유전학자인 베이트슨은 “이곳 미국에서는 세포학에 모두가 익숙하여 보편화되어 있다. 그러므로 나는 영국에서도 세포학이 보편화되길 바란다”고 1921년에 언급했다. 세포학과 유전학의 결합이 컬럼비아 대학에서 이루어졌음은 두말

할 여지가 없다. 왜냐하면 모건과 윌슨의 연구실은 서로 인접해 있었고, 모건은 유전학자였으며 윌슨은 세포학자였기 때문이다. 그러다 보니 페인 등과 같은 모건의 학생들은 모건의 초파리 유전 연구와 윌슨의 곤충 염색체 분석을 동시에 수행하게 되었다(페인은 1908년과 1909년에 7종류의 곤충에서 우연히 염색체에 의한 성 결정을 알아냈다).

세계적으로 손꼽히는 세포학자 중 한 사람이 옆방에서 연구하고 있고, 서로 우호적으로 지원하다 보니 모건은 세계에서 누구도 추종할 수 없는 세포학적 견식에 접근할 수 있었다. 윌슨은 다른 사람의 최근 연구에 대해서도 잘 알고 있었고, 자신도 많은 논문을 투고하다 보니 그의 유명한 저서인『발생, 유전 그리고 세포(The Cell in Development and Heredity)』라는 책에는 세포학과 발생에 관련된 모든 연구 문헌이 수록되어 있었다. 이 책은 1896년 초판에 이어 1900년, 1925년에 개정되어 거듭 출판되었으며, 심지어는 오늘날에도 읽을 가치가 있어 이 분야의 좋은 참고 자료가 되고 있다. 1956년 4판이 나올 때는 멀러가 서언을 써서 더욱 빛을 발했다.

모건은 염색체와 관련한 실험 결과에 확신이 서자 1913년에『성과 유전(Sex and Heredity)』이라는 책을 집필했다. 1915년에 모건은 5년 전부터 함께 연구해 온 세 사람, 즉 스터트번트, 브리지스(Bridges) 그리고 멀러와 함께『멘델 유전의 메커니즘(The Mechanism of Mendelian Heredity)』이라는 책을 저술했다. 이 책은 초파리 연구의 모든 결과를 요약했으며, 스턴(Stern)은 최신 유전학의 필수 교과서라고 극찬했다. 이 책은 유전 현상의 모든 면을 염색체 행동과 일치시키고자 하는 첫 교재였고, 현재도 염색체에 유전 물질이 있다는 것은 의심의 여지가 없다고 여겨지며, 또한 그 당시 책에 수록된 유전에 대한 설명이 얼마나 큰 도약이었는지를 정확히 이해할 수는 없었다 하더라도 현대 유전학의 발달에 기초가 된 것만은 분명하다. 그 책은 멘델 유전과 멘델 유전의 예외를 담고 있고, 유전을 유전자라는 요소의 관점에서 설명하고 있다. 즉 유전자는 선상 배열로서 가시적 염색체의 부분이며, 유전학 연구에서 유전자들의 행동은 염색체 행동과 상관있다고 기술하고 있다. 즉 유전자는 쌍을 이루고, 염색체도 쌍을 이루며, 한 쌍 중 단지 하나만이 어느 한 자손에게 전해진다. 유전자들은 염색체 수와 크기에 상응하는 연관 군 내에 존재하고 있다.

이 책은 당시에는 초파리의 염색체 행동에 대해 거의 알려지지 않았음에도 완전무결하다는 평가를 받았고, 대단한 걸작이었다. 1910년과 1920년 사이에 행해진 염색체 행동에 관한 모든 예측은 그 당시 초파리의 염색체들은 잘 볼 수 없었기 때문에 유전적 증거에 근거했다(예를 들면 1914년에 모건은 『월간 대중 과학(Popular Science Monthly)』 1월 호에서 초파리는 5쌍의 염색체가 있다고 기고했다).

이 책은 모든 선진 국가들에 급속도로 알려지게 되었고, 미국 내에서는 저자들에게 명예 학위를 주겠다고 극성이었다. 존스 홉킨스 대학에서는 모건에게 명예 법학 박사 학위를 수여했다. 모건은 그 후 책을 쓸 때마다 반드시 그 학위명을 썼다. 또한 켄터키 대학에서는 그에게 명예 이학 박사 학위를 수여했다. 모건은 국립과학아카데미의 회원이 되었고 그 후 회장직도 지냈다. 그는 영국 학술원의 외국 회원도 되었고, 1924년에는 다윈 메달, 그리고 1939년에는 코플리(Copley) 메달을 받았다. 이런 상들을 받다 보니 록펠러(Rockefeller) 재단과 카네기 연구소와 같은 단체로부터 연구비를 받기가 쉬웠다. 모건은 초파리 연구의 성공으로 20세기 초 멘델의 명성에 버금가는 명성을 얻었고, 전 세계의 과학자와 내방객들은 그에게 엄청난 권위를 부여했다. 컬럼비아 대학 스케머혼 건물의 613호 초파리 연구실은 과학자들에게 경외와 희망의 대상이 되었으며, 모건의 학생들은 그를 유일무이하게 '대장'이라고 불렀다.

Thomas Hunt
Morgan

6

컬럼비아 대학교 스케머혼 홀 613호
—초파리 실험실

만일 누군가 나에게 내 발견이 어떻게 이루어졌는가 묻는다면……
나는 다음과 같이 대답할 것이다. 그것은 노력과 여러 가설의 현명한 활용에 의해서
이루어졌고(즉, 현명함이란 만약 가설을 지지할 만할 결정적인 증거를 발견하지 못하면
그와 같은 가설을 쉽게 버린다는 뜻이다), 좋은 자료의 적절한 탐색에 의해서 이루어졌
으며, 끝으로 유전학회를 자주 개최하지 않음으로 인해서 이루어졌다.

- 토머스 헌트 모건 -

(국제유전학회 회장 인사말 중에서)

모건의 아버지는 토머스 헌트 모건이라는 이름이 역사 속에 길이 남
아 있기를 희망했으나, 가족들은 모건의 외아들에게는 딸만 있어 그의 이
름을 전할 자손이 없음을 유감으로 생각했다. 그들은 모건의 의붓 손자인
마운틴(Mountain)이 언급한 "그 이름을 찬양하라. 그리고 그 이름을 따라
그 유전자를 길이 보전하라"라는 말을 회상했다. 그러나 이보다 더 중요
한 것은 모건이 수많은 젊은 유전학도들에게 전해 준 문화적 유산이다.

우드 홀에서 편자 던지기 놀이를 하는 브리지스(앞)와 스터트번트.

출처: 토브 모어 박사 제공

그는 구성원으로서 일익을 담당할 수 있고 개성이 뚜렷하며 재능이 뛰어난 학생들을 선발했다. 실제로 모건은 컬럼비아 대학에서 대학원생들을 선발했으며, 이들 대부분은 사육실, 때로는 사육실 주변의 야외에서 많은 시간을 보냈다. 모건은 일시적으로 맡았던 일반동물학 강의를 할 때, 십대 학부 학생들 중 속물근성이나 학위에 연연하는 어떠한 감정도

갖지 않은 아주 신선하고 순수한 사고방식을 지닌 스터트번트와 브리지스를 만나게 되었다. 스터트번트는 어느 날 앨라배마에 있는 아버지와 형제들이 경영하는 목장에서 사육하는 경주마의 갈기 색에 관해 기술한 논문을 모건에게 가져왔다. 이 원고를 읽고 감명을 받은 모건은 스터트번트가 『순종 경주마의 가계도에 관한 연구(Study of the Pedigrees of Blooded Trotters)』를 출판하도록 도와주었으며, 그에게 실험실에서 초파리를 검색할 수 있도록 배려했다(불행하게도 스터트번트는 색맹이어서 그의 작업 능력, 즉 새로운 색 돌연변이체를 검색하는 데 제약을 받았다). 그로부터 2년이 지난 20세에 스터트번트는 '염색체 지도'라 부르는 유전자들의 배열 순서를 작성함으로써 유전학에 획기적인 업적을 남기게 된다.

1910년에 모건은 젊은 학부 학생 브리지스에게 실험실에서 관병(우유병)을 세척하는 일을 맡겼다. 대부분의 사람들이 현미경으로도 정확히 초파리의 색을 구별하는 데 상당한 어려움을 겪고 있을 때, 브리지스는 두꺼운 유리병을 통해 선홍색 눈을 가진 돌연변이체를 가려낼 수 있었다. 덕분에 브리지스는 모건으로부터 개인적인 장학금 혜택을 받게 되었으며 이는 모건이 자비로 지급한 것으로 알려지고 있다. 브리지스는 계속해서 돌연변이체들을 발견해 냈을 뿐만 아니라 염색체쌍이 분리되지 않는 다소 이상한 돌연변이체도 발견했다. 이러한 현상은 염색체 불분리 현상(Nondisjunction)으로 설명된다. 브리지스와 스터트번트는 학사 학위 과정을 수료한 뒤 모건의 지도 아래 박사 학위 과정을 시작했고, 그 후 17년 동안 그들은 컬럼비아 대학에서 초파리를 실험 재료로 유전학을 연구했다.

브리지스는 1939년 사망할 때까지 모건과 절친한 관계를 유지했다.

아마도 모건의 초파리 실험실 학생들 중에서 가장 잘 알려진 사람은 멀러일 것이다. 그는 이미 1910년에 컬럼비아 대학에서 학사 학위를 받았고, 석사 과정에서 연구를 계속하고 있었다. 1911~1912년에 걸쳐 코넬(Cornell) 대학 의예과에 있었으나, 라이스(Rice) 대학에서 일정한 일을 하면서 헉슬리(Huxley) 교수에게서 박사 과정을 완료하기 위해 1912~1915년까지 조교로, 1918~1920년까지는 전임강사로 컬럼비아 대학에 머물렀다. 비록 멀러는 스터트번트와 브리지스처럼 연로한 스승과의 결속력은 덜했지만, 모건과 『멘델 유전의 메커니즘』이란 책을 공동 저술하여 유전자 상호 작용을 이해하는 데 매우 중요한 공헌을 했으며, 또한 X선이 돌연변이율을 150배 정도 증가시킨다는 사실을 발견함으로써 1946년에 노벨상을 수상하게 된다. 또한 지식과 재능을 갖춘 공동 연구자는 윌슨이었다. 그는 1932년 제6차 국제유전학회에서 다음과 같은 말을 남겼다.

"나는 과거나 지금이나 유전학자가 아니다. 그러나 나는 준회원으로서 인정받고 있다. 만일 내가 이 분야에 관한 어떤 분의 업적을 잠시 언급하면, 아마도 여러분은 깜짝 놀라게 될 것이라고 확신한다. 40여 년 전 나는 멘델과 같은 인물을 발견했는데, 그는 새롭고 강한 우성 멘델 형질을 지닌 분이다. 그 인물은 여러분 모두에게 잘 알려져 있고, 현재 유전학회의 명예 회장인 토머스 헌트 모건이다."

모건의 초파리 실험실과 강의실에 있는 모든 연구자에게서는 스승에 대한 존경심만 가득하고 편안함이라고는 찾아볼 수 없는 것처럼 보였다. 그러나 유럽에서 모건 연구실로 온 최초의 여성 박사후 연구생인 모어는 젊은 스터트번트가 입에 파이프를 물고 발을 책상 위에 올려놓은 채 의자에 드러누워 모건과 논쟁을 벌이는 모습을 보고 깜짝 놀랐다. 모건의 학생들 중 가장 야무지고 유능한 스터트번트는 실험실 상황에 대해 다음과 같이 기술했다. "이 그룹은 한 덩어리가 되어 연구하고 있다. 각 개인은 자신의 실험을 수행하지만 다른 사람들이 무엇을 하고 있는지 서로 정확히 알고 있으며 각자의 새로운 결과를 자유롭게 토론한다. 따라서 새로운 착상이나 해석의 근원이나 선취권에 대해서는 전혀 관심을 기울이지 않았다." 모건 밑에서 공부했던 사람이라면 누구나, 그가 젊은 학생들에게 자신이 알아낸 것들을 설명하는 데 많은 노력을 기울였으며, 젊은 학생들과 함께 편안함과 동료애를 느끼면서 살아왔다고 말한다. 라이트(Wright)가 기억하는 이야기 중에 신사용 화장실 문이 고장 나 안에서 꼼짝 못하고 있다가 모건의 도움으로 화장실 문 위로 끌어올려진 에피소드는 그들의 우정에 대한 많은 예들 중 하나이다.

그 조그마한 초파리 실험실은 8개의 책상으로 꽉 채워져 있었고, 여기에는 관리인과 신뢰받는 학생이 초파리 배지를 준비할 수 있도록 식탁이 놓여 있었다. 처음에는 바나나를 짓이겨서 초파리들이 좋아하게 발효시켜 먹이로 공급했는데, 그 결과 냄새가 진동했고, 생물학과의 다른 실험실 사람들로부터 많은 불평을 들어야 했다. 후에 모건은 바나나 주스가 생바나나보다 싸다는 것을 알았고, 나중에 가서야 한천이 첨가되어 상품화된 먹이가 효율적이며 경제적임을 깨달았다. 회전 기둥의 네 면에는 염색체 지도가 걸려 있었고, 염색체 재배열의 다양한 형태에 대한 주석이 연필로 기록되어 있었다.

실험실의 출입구 근처에는 바나나 줄기가 눈에 확 띄게 드리워져 있었고, 배양 병으로부터 도망 나온 수많은 초파리들이 지저분한 쓰레기통 속에서 먹이를 찾고 있었다. 초파리용 바나나는 윌슨을 제외하고는 신성불가침의 대상이었다. 윌슨은 수시로 이 바나나를 따먹었다. 그러나 보복이라도 하듯이, 어느 날 모건과 그의 대학원생들은 윌슨이 책 표지 사진으로 사용하려고 준비해 놓은 타조 알로 오믈렛을 해 먹었다고, 모건의 아들이 후에 웃으며 술회했다.

그 방에는 다른 골치 아픈 생명체들도 있었다. 초파리 배지를 만드는 데 필요한 한천은 바퀴벌레의 안락한 거주지였다. 한천을 담아 둔 서랍을 열기만 하면 바퀴벌레가 어찌나 많던지 한천이 움직일 정도였다. 1920년대에 모건과 일했던 스턴은 "초파리 실험실의 고취된 분위기 속에서 일했던 몇 년 동안, 나는 언제나 바퀴벌레가 어두운 곳으로 도망갈 기회를 먼저 준 뒤에 책상 서랍을 열었다. 언젠가 내가 숨을 죽이면서 '모건 박사, 만일 당신이 당신 발밑을 탁 밟으면 쥐 1마리가 밟혀 죽을 정도로 이곳은 너무 지저분합니다'라고 말하자 그는 웃으며 쥐를 밟는 시늉을 했다. 스턴은 '과학성이라고는 거의 없는 방'으로서 아무렇게나 만들어진 임시변통의 초파리 실험실의 단순함을 피력했다. 그리고 "몇 년 후 모건은 캘리포니아 공과대학에 잘 설비된 근대적인 실험실을 차렸지만, 컬럼비아에서의 몇 년 동안은 이런 임시변통의 방에서 역사적인 과학적 진보가 이루어졌다"라고 덧붙여 말했다.

또 그 방은 싸구려였다. 모건의 연구비 부족은—아까워하지 않고 자신의 돈으로 메꾸었지만—전설적이다. 초파리 배양 용기도 임시변통이었고, 다른 실험 기구들도 그러했다. 렌즈로 간단한 현미경을 만들어 썼고, 현미경 빛 가리개는 얇은 깡통으로 만들어 썼다. 지붕이 새서 사육실 온도가 떨어지자 발명에 재능이 있는 브리지스는 자동 온도 조절 장치를 만들었다. 그의 실험이 초파리를 유명하게 만들자 초파리 요청이 도처에서 쇄도했고, 모건은 무료로 배포했다. 언젠가 그는 비둘기를 얻기 위해 위스콘신(Wisconsin)의 콜(Cole)에게 편지를 쓴 적이 있다. "콜, 나는 비둘기 값이나 우송료를 지불하지 않겠습니다. 우리는 세계 곳곳에서 오는 초파리 구매 요구에 우송료도 받지 않고 자랑삼아 그냥 보내 드리고 있습니다. 그러므로 저에게 무료로 비둘기를 보내 주시기 바랍니다."

초파리가 있는 스케머혼 홀 옆 건물인 체육관에 화재가 나 초파리가 몰사할 위협에 직면했을 때 모건은 스케머혼에 불길이 번지지 않도록 물을 뿌리고 있는 소방차가 있는 곳으로 겨울밤을 달려왔다. 창문 일부는 이미 불길에 녹았고 초파리들은 위협당하고 있었다. 경찰이 구경꾼들을 막아섰으나 모건은 아랑곳하지 않고 위층에 있는 초파리 방으로 달려 올라갔다. 초파리 용기 전부를 건물 밖으로 옮길 수는 없어서, 모건은 숨 막힐 듯 뜨겁게 타는 건물의 한쪽 끝에서 불길로부터 가장 먼 곳으로 용기들을 옮겼다. 그러고 나서 그는 마지못해 그들을 남겨 두고 체육관의 불길이 완전히 꺼질 때까지 인도로 나와 지켜보았다. 다행히도 불은 번지지 않았고, 초파리들은 안전했다.

초파리 방을 상징하는 혼란, 무질서와 불결함 가운데서도 정확하고 위대한 연구가 조용히 계속되었다. 모건 박사는 우편물들이 흩어져 있는 책상 뒤에 서서 보석 상인이 사용하는 돋보기를 끼고 초파리를 계수했다. 초파리가 많아져 더 이상 계수할 수 없으면 옆자리의 학생 책상으로 밀어냈다. 그러면 그 학생은 모건이 나간 다음 다시 일에 착수했다. 이런 시소 게임은 누군가가 모건의 허락을 받고, 때로는 대답을 듣지 않은 채, 그 전부를 쓰레기 더미에 버릴 때까지 계속되었다.

모건의 책상은 훨씬 더 너저분했다. 그의 공동 연구원들 대부분은 폐기할 초파리들을 시체 공시장이라 불리는 기름병에 던졌다. 그러나 모건은 계수가 끝난 초파리를 책상 위에 눌러 죽이곤 했다. 어떤 대학원생 부인이(부인들은 가끔 아르바이트로 초파리 돌보는 일을 했다) 박사의 계수판에서 반쯤 말라죽은 초파리가 치워지기를 바랐지만, 모건은 그 위에 또 초파리를 눌러 죽이곤 했다. 모건은 이런 스타일의 실험실을 좋아했던 것이 틀림없다. 그는 본래 조심성이 없고 너저분한 사람이었다. 그는 또 남을 놀라게 하거나 장난치는 것을 좋아했다. 그는 때로 바지 벨트를 찾지 못했을 때 대용으로 아무 끈으로나 바지를 매는 엉뚱한 기벽도 있었다. 또 셔츠에 구멍이 나면 그곳에 종이를 붙이고 다녔다.

『멘델 유전의 메커니즘』(1915) 첫 판은 모건 팀이 유전 현상의 염색체 원리를 확립했고, 유전자가 선상으로 배열된 염색체의 부분임을 증명했으며, 이는 모건이 개인적으로 유전학에 기여한 것 중에서 가장 중요한 공헌이라고 평가하고 있다. 그 뒤 십 수 년 동안에도 그는 컬럼비아에서 연구의 중심인물로서 활약했다.

모건과 그의 팀들은 비정상적인 성비는 성에 연관된 치사 유전자의 결과임을 발견했다. 수컷의 반을 흰 눈으로 만드는 유전자를 받는 대신에, 치사를 일으키는 유전자를 받음으로 인해 2마리의 암컷에 1마리의 비율로 정상 수컷이 생존했다. 또한 한 번의 교차는 염색체상에 어떤 부위에서나 무작위로 일어나지만, 두 번째 교차는 첫 번째 교차점 가까이에서 일어나지 않는다는 사실도 발견했다. 그들은 이것을 '간섭 현상'이라고 불렀다. 그리고 교차는 초파리 수컷에서는 전혀 일어나지 않는다는 사실도 발견했다. 브리지스는 교차의 빈도가 암컷의 일령에 따라 변화하는 것도 발견했다. 그의 불분리 현상 발견은(상동염색체가 분리되지 않아 딸세포가 비정상적인 염색체 구성을 하게 된다) 이 팀의 초기 발견에서 가장 극적인 것 중 하나였으며 아직 염색체 설을 의문시하던 사람들에게 매우 설득력이 있었다. 불분리 현상에 대한 연구는 7, 9, 10개의 염색체 수를 가진 초파리 발견에 기여했다. 성 결정에 대한 XX-XY 염색체 설명이 8개의 염색체를 가진 초파리에서는 적용되었으나, 염색체 수가 다른 초파리에서는 적용되지 않았다. 그러므로 브리지스는 초파리의 성 결정에 대해 균형설을 제안했다. 이 가설에서 Y 염색체는 수컷의 결정에 관여하지 않는다. 상염색체가 2n일 때 X 염색체가 2개면 암컷이 되고, X 염색체가 3개면 초자

성(superfemale)이 된다. 상염색체가 3n일 때 X 염색체가 하나면 초웅성(supermale), 2개면 간성, 3개면 암컷, 4개이면 초웅성이 된다.

쌍으로 염색체를 가지는 생물에 있어서 포유류, 선형동물, 연체동물, 극피동물, 대부분의 절족동물, 그리고 자웅이주 식물에서는 수컷이 이형의 생식 세포를 만드는 X-Y형이다. 인시목(Lepidoptera)과 나방, 대부분의 파충류, 날도래목(Trichoptera), 양서류 일부, 어류 일부, 요각류(Copepoda), 그리고 거의 대부분의 조류는 '암컷이 이형 배우체를 생성한다'는 성에 대한 현재의 견해는 대부분이 컬럼비아 대학 연구에서 발견되었다. 대부분의 어류는 염색체에 의한 성 결정 메커니즘이 없고, 어떤 종에서는 어떻게 성이 결정되는지 아직 확실치 않다. 사실 인간의 성 결정이 X-Y형이라는 사실도 X 염색체를 1개만 지닌 XO 여성은 불임이 되고, Y 염색체만 가진 개체는 치사된다는 사실이 밝혀진 1960년대에 와서야 확인되었다.

스터트번트 역시 중요한 공헌을 했는데 그중에서 가장 중요한 것은 유전자 지도 작성이다. 그는 복대립 인자의 존재 이유도 제시했고, 염색체의 일부가 절단된 후 다시 거꾸로 그 자리에 붙는 염색체 역위(inversion)의 존재도 주장했다. 그의 이러한 주장은 실제로 초파리의 침샘 염색체에서 역위에 의한 띠의 존재가 밝혀지기 15년 전에 있었던 일이다. 이는 명왕성이 존재한다는 사실이 밝혀지기 3년 전에 애덤스(Adams)가 명왕성은 존재해야 한다고 주장했던 것과 비슷한 예이다.

모건의 제자들은 모건이 행복한 사람이었다고 이야기한다. 모건은 초파리에 관한 것이나, 2마리 게 사이에 라듐 조각을 넣고 1마리의 등 쪽에 다른 게를 붙인 후 그 주위를 걷게 하는 실험과 같은, 다른 사람은 그 실험 목적을 결코 알 수 없으나 그 자신은 즐거운 일만 했다.

모건이 멘델 유전에 관해 흥미를 가지고 연구한 실험 중 하나는 유전에는 환경적인 인자가 결정적일 수 있다는 가능성에 대한 것이다. 그는 나쁜 환경에서는 멘델의 법칙에 어긋나는 일이 일어날 수 있다는 논문을 발표하기도 하여 사람들로 하여금 그가 아직도 염색체설(Chromosome theory)을 기정사실로 생각하지 않는다고 여기게 했다. 한 예로서 초파리의 배가 비정상적으로 되는 것은 습도에 영향을 받은 초파리의 먹이 때문이며, 다리의 재생이나 흔적 날개는 온도에 영향을 받는다고 했다.

그는 발생학도 계속 연구하고 있었는데 특히 우렁쉥이에서의 자가 불임에 관한 것이라든가, 게가 비대칭적으로 기는 이유에 대한 실험들을 계속했다. 또한 콜이 보내온 비둘기의 꼬리털 수 유전에 대해서도 계속 연구했으며 닭이나 게의 제2차 성징도 연구했다.

비록 학생들을 가르치는 수업이 지루하다고 생각하는 그의 태도는 변하지 않았지만, 컬럼비아 대학에서 대학원 수업은 계속했다. 한 번은 "하품을 해서 미안합니다." 하면서 실험실로 들어와서는 "방금 수업을 끝내고 돌아오는 길이거든"이라고 말했다. 행정적으로 처리해야 하는 일에 대해서도 마찬가지였다. 돈(Donn)이 컬럼비아로 옮기는 것에 대해 고민하던 중 모건에게 컬럼비아는 분위기가 어수선해 겁난다고 말하자 모건이 결정적인 이야기를 해 주었다. 그는 큰 대학에서는 강의를 해야 하는 일종의 생물학적인 의무가 있는 것은 사실이라고 말했다. 그리고 "또한 네 자신도 진화해야 하고, 외형도 발달시켜야 해. 복도는 위원회실로 연결되므로 복도에서 멀리 떨어져 있는 방법을 배워야 해"라고 덧붙였다. 그리고 돈에게 그의 사무실에 의자가 1개 이상 있느냐고 물었다. 그가 2개 있다고 대답하자 모건은 안됐다는 듯이 그를 흔들면서 "그게 잘못이야, 방에는 오직 1개의 의자만 있어야 돼. 그 의자에는 자네만이 앉아 있어야 해"라고 말했다.

모건은 실제로 그렇게 일했다. 그는 15년 동안을 그의 초파리실에서 지냈으며 초파리실의 핵심 요원인 브리지스와 스터트번트도 역시 모건과 함께 거의 그렇게 일했다. 스터트번트는 "모건은 우리에게 일을 지시하지 않는다. 그는 그 자신의 일을 하며, 우리가 그의 지시에 따라 일하는 것은 바라지 않는다. 이것이 우리의 특징이다"라고 강조했지만, 모건은 당연히 이 팀이 함께 있기를 원했다. 그러나 팀 전체의 성공만큼이나 각자가 자신의 일을 하면서 상호 연결되어 열심히 일하는 정신은 모건에게 매우 중요한 것이었다.

1915년 모건은 카네기 연구소로부터 초파리 연구를 지원하는 연구비(이것은 그가 사망할 때까지 계속되었다)를 받았고, 그중 일부는 브리지스, 스터트번트, 그리고 후에는 슐츠(Schultz)를 전임 연구 조교로서 지원하는 데 사용했다. 여름마다 이들은 모건과 함께 우드 홀로 갔을 뿐만 아니라, 모건이 스탠퍼드(Standford) 대학에 1년간 연수차 컬럼비아를 떠날 때도 브리지스와 스터트번트는 대학원생 자격으로 함께 갔으며, 초파리 그림을 아주 잘 그리는 월리스(Wallace)도 같이 갔다. 그리고 모건이 컬럼비아를 떠날 때도 이 두 사람, 브리지스와 스터트번트도 같이 떠났음은 말할 것도 없다.

『멘델 유전의 메커니즘』의 4번째 공동저자인 멀러는 1920년 텍사스 (Texas)로 떠났으며, 거기서 멀러는 모건이 그의 학생이나 그의 공동 연구자들에게 각자의 발견에 대해서 제대로 인정해 주지 않는다고 공공연하게 비판하기도 했다. 멀러에 의하면 초파리실의 새로운 발견에 대한 결론을 그의 학생이나 세상 사람들에게 확신시킨 것은 모건만은 아니었으며, 그의 학생들이 때로는 사실을 잘 파악하지 못하는 모건을 확신시켰고, 그런 후에는 모건이 그 어느 누구보다도 세상 사람들에게 설득력 있게 말하는 능력을 발휘했던 것이다.

모건은 멀러의 비판에 기분이 나빴으나 아무렇지 않은 듯이 지냈다. 1934년 그는 한 동료에게 "우리는 멀러의 태도가 잘못되었고 용서할 수 없는 것이라고 판단했기 때문에 그에게 매우 친절하게 대함으로써 그를 무시하며 그런대로 지내고 있긴 하지만, 그는 항상 우리에게 적대심을 가지고 있다"라는 내용의 편지를 썼다. 멀러와 모건의 친구인 모어는 이러한 상황은 좋지는 않지만 이해할 만하다고 생각했다.

브리지스나 스터트번트에게 모건은 아버지처럼 행동했다. 특히 순진하고, 호감이 가는 성격의 브리지스는 때때로 아버지를 필요로 하는 것 같았으며 모건이 극도의 인내심을 발휘해야 할 때도 있었다. 젊은 브리지스는 자유로운 사랑론을 주장하는 쪽이었고, 주장하는 대로 실천했다. 그러나 정치나 종교 또는 개인의 사생활에 대해 논의하는 것을 금지했던 모건은 브리지스에게도 이 규칙을 그대로 적용했다.

스스로는 거의 청교도적으로 엄격한 모건이었지만, 그는 브리지스를 옹호했다. 모건은 그의 팀을 계속 잘 유지했으며 수많은 실험들을 계속했고, 세계 각 곳으로부터 많은 유전학자들을 받아들였다. 물리, 화학, 유전학, 식물학, 동물학 등을 종합하는 계획을 세웠으며, 여러 논문 및 저서를 계속 펴냈다. 그는 저술 활동을 계속했으며 실험 결과를 얻자마자 곧 논문으로 발표했다.

1916년 프린스턴(Princeton)에서 한 루이스 클라크 바누셈(Louis Clark Vanuxem) 재단 강연을 기초로, 같은 해『진화론에 대한 비평론(A Critique of the Theory of Evolution)』을 발표했으며, 1919년에는 그와 로브가 리핀콧(Lippincott)을 위해 편집하고 있던 실험 생물학 저서 시리즈에 그의 저서인『유전의 물리적 기초(The Physical Basis of Heredity)』를 포함시켰다. 이 두 책 모두 이전 자료들에 대한 수정판이었다.

그 후 다른 책들도 출판했는데, 1925년에는『진화와 유전학(Evolution and Genetics)』, 1926년에는『유전자설(The Theory of Gene)』을 출판했다. 1927년에는『실험발생학(Experimental Embryology)』을 출판했는데 이는 750쪽이나 되는 것으로 발생의 계통적 단계에 대한 포괄적이고 자세한 종합서로서 모건 자신도 아주 이상하리만큼 주의 깊게 정성들여 쓴 책이다. 그의 학술 저서 목록만도 100쪽은 되었다.

그의 책들은 아주 훌륭했지만 이상하게도 그 당시에는 별로 주의를 끌지 못했으며 실제로 잘 알려지지 않은 채로 남아 있었다. 모건은 발생학자로서의 일을 하지 않았더라면 유전학자로서 더욱 크게 성공했을 것이다. 1915년『멘델 유전의 메커니즘』은 많은 젊은 과학자들에게 유전학을 소개하는 책이었으며, 1925년에 출판된 브리지스, 스터트번트와 함께 쓴『초파리 유전학(The Genetics of Drosophila)』은 유전학자에게는 성경과도 같은 책이 되었다.

모건의 이름은 유명해졌으며 그의 성공은 여러 사람들에게 경외의 대상이 되었고, 그는 존경을 받게 되었다. "모건의 염색체설은 갈릴레이(Galilei)와 뉴턴(Newton)의 상상력에 버금가는 거대한 상상력을 동원한 뛰어난 진보였다"라고 워딩턴(Waddington)은 칭찬을 아끼지 않았다. 달링턴은 모건이 처음으로 실험적 방법이라는 다리를 통해 난자로부터 몸체가 분리되거나 어떤 사실로부터 정신이 분리되는 것과 같은 간격을 메꾼 최초의 사람이며, 염색체설은 인류의 과학사상 가장 획기적인 발견 중 하나라고 모건을 칭찬했다.

멀러는 "모건이 교차설을 증명한 것과 멀리 떨어져 있는 두 유전자 사이에 교차가 좀 더 자주 일어난다고 주장한 것은 청천벽력이었으며 이는 멘델 유전의 발견 못지않게 중요한 것으로서, 멘델 유전이라는 폭풍 속에서 근대 유전학을 이끌어 나가는 데 중요한 길잡이가 되었다"라고 서술했다. 모건 자신도 이 일에 대해 "멘델의 업적이 알려진 1900년 이후 가장 놀라운 발전이 이루어졌다"라고 소감을 말했다.

◆

Thomas Hunt
Morgan

7
모건의 가족에 대해서

영국에서 무엇이 보고 싶은지 파니트가 묻자 모건은 다음과 같이 대답했다.

"나는 미국에 없는 종달새 소리를 듣고 싶어. (……) 함께 얘기해 보자.

그리고 종달새 소리를 들어 보자."

- 토브 모어 박사 -

컬럼비아에서 첫 15년은 모건의 학문적 경력에서 가장 큰 결실의 시기였다. 그는 명백히 앞선 의식을 가지고 늘 열심히 일했다. 그러나 그가 흰 눈 초파리를 발견하고부터 그의 인생은 한쪽으로 고정되었다. 그의 인생은 연구였고, 그의 연구는 곧 그의 인생이었다. 이 기간 동안 그는 결혼을 하고 귀여운 네 명의 아이들을 낳았으며, 집과 또 다른 건물을 사고, 세기가 바뀌는 시절에 뉴욕에서 빅토리아풍 가구들을 수집했다.

그가 개인적 업무를 무난히 수행할 수 있었던 것은 여러 가지 면에서 아내의 내조 덕이었다.

초기에 모건은 스케머혼 홀에 있는 그의 연구실에서 5분 거리에 있는 세낸 집으로 이사했다. 모건은 아내 릴리언과 항상 함께 있었다. 여행에도 동반했고, 때로 그녀는 모두 가고 없는 연구실에서 남편을 기다리거나 옆에서 일하며 시간을 보냈다. 저녁이면 집에서 탁자에 마주앉아 함께 공부를 했다. 릴리언은 그녀가 좋아하는 음악회에 함께 가자고 남편을 설득했고, 그는 그녀에게 스케이트 타는 법을 가르쳤다. 그들은 뉴욕에 있는 릴리언의 가족과 자연사 박물관에 가거나 대학에 있는 생물학 친구들과 함께 만찬이든 파티든 가리지 않고 참석했다.

결혼 1년 후 릴리언은 임신을 했고, 모건의 어머니는 작은 장미나무 요람을 갖고 달려와서 예전에 그녀가 모건에게 만들어 입혔듯이 아기의 옷을 섬세하게 뜨기 시작했다. 1906년 2월 22일 뉴욕에서 태어난 첫아들 하워드(Howard)는 가장 사랑받고 옷을 잘 입는 아기가 되었다. 릴리언은 시어머니에게 편지를 썼다. "모건이 아기와 어떻게 지내는지 궁금하시죠? 그이는 매우 이상적인 아버지이고, 이전에 늘 그랬듯이 아들, 남편으로서도 이상적이랍니다." 사실 그는 아기를 너무 흥분시켜서, 잠들기 전아이 돌보는 일로부터 격리되기도 했다. 여름에 하워드는 우드 홀의 바닷가재 낚시꾼에게 빌린 집으로 이사했다.

릴리언은 때때로 아기와 함께 연구실에서 시간을 보낼 수 있었다. 그녀는 시어머니에게 보내는 편지에 이렇게 썼다. "여기에는 모건의 지도 아래 일하는 사람이 여럿 있어요, 저도 그중 하나예요!" 그때 그녀의 나이는 이미 36살이었고, 체력은 예전 같지 않았다. 그들은 버저드(Buzzard)만의 샌디 크로우(Sandy Crow) 언덕 가로수 길에 큰 집을 지으려는 계획을 세웠다. 모건의 일과 대식구를 위해 짓는 집이었다. 게다가 큰 거실의 일부분은 응접실이었지만, 6개의 침실과 2개의 간이 침실, 그리고 뉴욕 우드 홀에서 모건의 삶에 매우 중요한 일부인 하인들을 위한 4개의 방까지 갖춘 3층 집이었다. 모건의 가족은 우드 홀에서 여름을 보냈고 그의 학생들과 뉴욕에서 온 친구들뿐 아니라 특별한 손님, 방문객들이 그들의 집을 출입했다. 어느 때는 그 집에서 열일곱 사람이 잠을 자고 하나뿐인 화장실 앞에 줄을 서서 기다린 적도 있었다.

다음 해 여름, 가족들은 몇 명의 학생, 하인, 그리고 하워드를 위한 간호사와 함께 새로 지은 집에 돌아왔다. 그러나 릴리언은 자신의 간호사와 함께 만을 건너 뉴베드퍼드(New Bedford)의 여관에서 두 번째로 태어날 아기를 기다리고 있었다. 1907년 6월 25일, 귀여운 딸 이디스(Edith)가 태어났다.

늘어난 식구들이 뉴욕의 새집으로 돌아왔다. 이 집은 스케머혼 홀에서 몇 분 거리에 있는 윌슨의 집에서 세 구역 떨어진 곳이었다. 모건이 컬럼비아를 떠난 후 웨스트 117가 409번지의 집은 컬럼비아 대학이 매입해 인간의 변이를 연구하는 연구소가 되었다.

셋째 아이인 릴리언 보건(Lilian Vaughan)은 1910년 1월 5일 뉴욕에서 태어났다. 넷째이자 막내는 뉴베드퍼드에서 1911년 8월 20일에 태어났는데 아이의 이름은 릴리언의 어머니 이름(Isabella Merrick)을 따서 이사벨 메릭(Isabel Merrick)이라 지었다. 전통적인 가족 이름과 다를 수도 있지만, 분명히 모건은 전통적인 가족 이름을 좋아했다. 오토 박사와 모어 박사가 딸을 얻었을 때 모건은 다음과 같이 편지를 썼다. "축하하네. 아버지

다운 충고를 한마디만 한다면 딸 이름을 'Drosophila(초파리)'로 짓지 말게나. 나는 그런 유혹을 세 번이나 이겨 냈다네."

네 아이와 모건 자신이 새롭고 흥미 있는 일을 시작하자 모건의 삶은 크게 변했다. 모건은 일찍부터 즐겼던 여행을 자제했다. 그는 이렇게 푸념했다. "당신도 알다시피 이 많은 애들과는 함께 여행할 수 없어."

릴리언은 바이올린을 함께 연주하는 친구들과 만나는 것을 즐겼다. 학생들과 동료들을 위해 매주 집에서 열리는 과학 회의를 즐겼고, 자신의 문화적, 정치적 관심거리를 조용히 얘기하곤 했다. 그녀는 국제 연맹을 열렬히 지지했고 진심으로 열렬한 여성 참정권론자였다.

사실 모건의 모든 일과 중에서 가장 중요한 것은 가정일이었다. 그는 일주일 내내 늦게 일어나서, 아이들이 한바탕 소란을 떤 후 혼자서 아침을 먹고 걸어서 실험실에 갔다. 점심 무렵에는 집에 돌아와 가족과 함께 식사를 한 후 다시 실험실로 갔으며, 5시 정각에는 컬럼비아 체육관에서 만난 친구들과 핸드볼 경기를 즐겼다. 이 경기에는 누구나 참가할 수 있었으나, 선수들 중 나이가 더 많고 노련한 이들은 흔히 새로 가입한 사람들을 골려 주곤 했다. 모건은 경기에 열심히 참여했으며 하루도 빠짐없이 나갔다. 경기가 끝난 후 종종 멍들고 다친 몸으로 집에 돌아가서, 저녁 식사 전에 위스키 한 잔을 마시곤 했다. '금주법'이 시행되던 시기에는 말린 무화과로 직접 과실주를 만들어 먹기도 했다.

식사 후 그는 아이들과 같이 놀았다. 아이들이 어렸을 때는 모건의 손이나 무릎 위에서 놀았고, 그들이 어느 정도 커서 여러 가지 질문을 할 때면, 그는 정성 들여 대답을 해 주곤 했다. 아이들의 침대 옆에서 그는 재미있고 놀라운 이야기를 들려주었다. 하워드에게는 탐정 소설이나 카우보이 이야기를, 이디스, 릴리언, 이사벨에게는 요정 이야기를 해 주었고, 가끔은 자기 이야기에 맞추어 간단한 그림도 그려서 아이들에게 보여 주곤 했다.

아이들이 많이 자랐을 때, 그는 아이들이 스스로 놀도록 내버려두었다. 그렇지만 아이들은 늘 아버지와 다정하게 지냈으며, 그의 머릿속은 마루 위에서 아이들과 함께하는 놀이와 『사이언스』나 그의 실험실에 있는 다른 과학 잡지를 읽는 학문적인 일로 채워져 있었다.

아이들이 잠들면, 그는 5층 다락에 있는 공부방으로 갔다. 거기서 그는 밤늦게까지 글을 썼고, 아내 릴리언이 말벗이 되어 주었다. 그녀는 공부방에 있는 소파에 앉아서 책을 보거나 공상에 잠기거나 또는 편지를 썼으며, 결코 모건의 일을 방해하지 않았다. 그들은 서로 함께 있는 것만으로 즐거워했다.

일요일에도 핸드볼 경기만이 아니라, 평소와 다름없는 똑같은 생활이 반복되었다. 그러나 모건이 실험실에서 집으로 일찍 돌아오는 날이었기 때문에 아이들에게는 특별한 날이었다. 그의 가족은 교회에는 나가지 않았고, 톰과 릴리언은 종교에 대해서는 무관심했다(이 무관심을 그의 아이들 중 한 명이 '아름다운 무관심'이라고 불렀다). 왜냐하면 교회가 세포의 진화와 행동에 대한 그 자신의 기계적인 해석을 반대해 종교가 지식을 습득하는 데 방해가 된다고 느꼈기에 모건은 종교에 대해서는 극히 반대적인 입장에 있었다. 그러나 그는 자신과 아내가 세례를 받았던 영국 성공회에 대해서는, 그 신앙이 그의 어머니와 누이의 괴팍한 성격을 잊게 해 준다고 생각했다. 그는 어머니와 누이가 우드 홀에 있는 교회에 깊은 신앙심과 끝없는 정열을 보일 때마다 그들을 냉소적으로 쳐다보았다. 그러나 그는 아이들이 태어나서 세례를 받는 것에는 반대하지 않았고, 그의 어머니가 세례 장면을 보기 위해 북부에서 올 때까지 행사를 늦추기도 했다. 또한, 대학 시절에 자신의 신앙을 버린 릴리언이었지만 시어머니인 이스터(Easter)에게는 아기 천사가 가득 그려진 정성스러운 카드를 보냈다. 만약 아이들이 일요일에 주일 학교에 가고 싶어 하면 허락해 주었지만 그들은 절대로 가지 않았다.

1917년 연합군이 예루살렘(Jerusalem)을 점령하고 겟세마네(Gethesemane)에서 이교도들을 추방한 것을 『뉴욕타임스』가 머리기사로 썼을 때, 어린 이사벨이 겟세마네가 무슨 뜻인지 묻자, 모건은 웃으며 사랑스럽게 대답했다.

"이 귀여운 어린 이교도야!"

이 기간 동안 모건은 그의 가족을 매우 아꼈고 확실히 의지했다. 아버지로서 권위 같은 것은 없었다. 그는 저녁 식사 때는 조용했으며, 밤 시간에는 사색을 하거나, 논문이나 책을 썼다. 크리스마스에는 잊지 않고 온 가족이 암스테르담(Amsterdam) 거리로 나가 크리스마스트리를 사서는 장식 종이나 작은 양초로 장식했다. 그리고 나면 아이들은 하얀 수염을 날리며, 낡고 붉은 가죽옷을 입고 배가 불룩 나온 산타클로스 할아버지가 나타나기를 숨죽이며 기다리곤 했다. 아이들이 생각하는 산타클로스 할

아버지는 굉장히 밝고 푸른 눈동자를 가지고 있으며 어깨에 큰 자루를 메고 그 속에서 선물을 꺼내 골고루 나누어 주는 사람이다(이런 행동에는 어느 정도 교훈적인 면이 있었으며, 아이들이 산타가 선물을 넣을 수 있도록 걸어 놓은 양말에는 싸움을 피하기 위해서 표시를 해 놓았다). 아이들은 아버지가 항상 이때에만 실험실에서 집으로 정시에 돌아오지 못해 이 놀라운 광경을 놓치는 것을 서운하게 여겼다.

세월이 흘러 손자들이 생겼을 때 산타클로스 할아버지는 다시 나타났으며, 산타의 푸른 눈동자는 또다시 반짝이기 시작했다. 그러나 온 가족이 실험실 생활의 한 부분이었던 이 기간에, 모건 가족의 생활에서 일어나는 가장 중요한 일은 매년 모건이 뉴욕에서 우드 홀로 이주하는 것이었으며, 이 짧은 이주 기간 동안에는 온 가족이 실험실에서 생활해야 했다. 이 여행 때문에 컬럼비아에서 있었던 주말 강좌는 끝이 나게 되었다. 그러나 이것은 이미 계획된 일이었다. 수업이 끝나는 마지막 주에 모건과 그의 아내가 실험실 테이블에 앉아서 책을 읽거나 다가올 여름에 할 실험 준비를 하는 동안, 사용하지 않는 방에는 먼지가 쌓여 갔다.

2층에 있는 서너 개의 가방에는 페티코트와 기저귀가 가지런히 놓여 있었다. 커다란 가방 1개에는 톰의 책이 꽉 차 있었기 때문에, 5층에서 집 앞에 있는 말이 끄는 마차까지 이 가방을 운반하는 것은 쉬운 일이 아니었다(그리고 9월에 올 때는 이 작업을 다시 반복했다). 또 다른 가방은 절반쯤 비워 두었는데, 모건은 늘 짐을 옮기기 10분 전에 물건을 정리하기 때문에 그렇게 할 필요가 있었다.

그는 짐을 꾸리는 시간의 대부분을 실험실에서 보냈다. 왜냐하면 초파리가 여행하는 동안 살아 있도록 바닥에 물기를 머금은 작은 바나나를 넣은 여행용 병에 초파리를 조심스럽게 넣어 주어야 했기 때문이다.

학기가 끝난 후 아침에 짐꾼들이 가방을 운반하는 동안, 가족들은 기차 정거장으로 향한다. 거기는 아이들, 하인들, 운반할 화분, 금붕어, 잉꼬, 또 말썽 많은 일꾼들이 혼란스럽게 뒤엉켜 있다. 실험실에는 학생들과 동료들, 사육장 안에 들어 있는 닭, 쥐, 토끼, 병에 담긴 초파리들이 도착했고, 아이들에게는 초파리를 나르는 일이 맡겨졌다. 일부 초파리 계통은 여행 중에 뉴욕에 계속 두었고, 일부는 우드 홀로 보내졌다. 무사히 도착한 후 모건이 한 첫 번째 일은 초파리 계통들이 무사하다는 사실을 조교에게 전보로 알리는 것이었다. 그리고 나서야 초파리들을 마음대로 실험에 사용할 수 있었다. 그렇게 해야만 이동 중에 초파리가 죽더라도 초파리의 혈통을 계속 유지할 수 있기 때문이다

밤새도록 허드슨(Hudson)강에 있는 부두에서 곶까지 항해한 후에 모건 가족은 우드 홀행 기차로 옮겨 탔고, 정성스레 준비한 커다란 저녁 식사용 도시락을 먹었다. 그러고는 릴리언의 충고에 따라 모두 조용히 휴식을 취했다. 모건은 대부분의 시간을 기차의 복도에서 갑자기 스쳐 가는 폭풍우를 내다보거나, 초파리들이 안전한지를 계속 검사하면서 보냈다.

우드 홀에서의 생활은 뉴욕에서와 거의 비슷했다. 아침 식사 후에 모건은 그의 자전거 타이어에 바람을 넣고 연구실로 향했다. 정오에는 집으로 돌아왔으며, 집에 있는 모든 사람들—가족뿐 아니라 방문자—은 함께 수

1918년 매사추세츠, 우드 홀의 모건 집.

출처: 토브 모어 박사 제공

영을 하러 갔다. 그러나 모건과 그의 어머니, 누이는 나이가 들어서도 수영을 하러 가지는 않았다. 함께 모여 점심을 먹은 후에는 모두들 집의 삼면을 둘러싸고 있는 큰 베란다나 뒤뜰 잔디밭을 향해 있는 엄청나게 넓은 계단 위에 앉아서 한 시간 정도 가벼운 잡담이나 개인적인 일을 이야기했다. 한 시간이 지나면 모건은 실험실로 돌아갔다. 저녁에는 집에서 식사를 한 후 아이들과 장난치며 놀고 나서 밤늦게까지 책을 읽거나 글을 썼다.

모건의 부모와 그의 누이는 당시 세무서 직원으로서 안정된 직업을 가진 찰튼 1세가 지은 우드 홀의 크고 전망 좋은 집으로 와 매년 여름 짧은 휴가를 보냈다. 이 2주 동안에 그와 그의 아들은 전보다 훨씬 더 즐거웠던 것 같다. 찰튼은 사람들이 모건에게 잘하는 모습에 흡족했으며 모건은 우드 홀에서 남부 출신 사람들, 특히 영사로서 찰튼을 알았던 사람들에게 그의 아버지를 소개하는 일을 중요시했다. 성숙한 아이들은 그들의 온화하고 친절한 할아버지를 좋은 사람으로 기억하고 있지만, 찰튼이 렉싱턴에서 몸져누웠을 때 이사벨은 고작 유아였다. 4개월 후인 1912년 10월 10일, 찰튼은 아내와 딸을 남겨 두고 사망했다. 남부 연방의 노장이었던 찰튼 헌트 모건은 훗날 장례식에서 그가 수상한 군대의 훈장과 함께 묻혔다.

찰튼이 죽은 후 모건의 어머니와 누이는 더욱더 가족과 함께 열심히 생활했다. 릴리언은 두 사람을 극진히 돌봐 주었다. 서로의 감정을 쉽게 표현하거나 개인적인 감정을 가볍게 여기지 않는 가정환경에서, 폐쇄되고 보호받는 삶을 살던 아이들의 눈에는 할머니와 넬리 고모는 큰 놀라움과 즐거움이었다. 둘은 모건처럼 푸른 눈을 가졌으며 여리고 매우 아름다운 매력을 지닌 여자들이었다. 그들은 어여쁜 옷으로 가득 찬 가방들을 보냈으나 가족에게는 옷이란 특별히 중요한 것이 아니었다. 그들은 또한 멋진 이야기나 가족들의 영웅담, 남북 전쟁의 낭만, 렉싱턴으로 보내지는 노예들의 사적인 계산서나 조상들의 번쩍이는 칼, 그들이 쓴 노래들, 감옥에서 탈출한 존 헌트 모건의 이야기 등을 보내왔다.

그들의 아버지가 사망한 후, 모건과 그의 어린 남동생 찰튼 사이는 좀 더 개선된 관계로 나아갔다. 한번은 찰튼이 우드 홀까지 긴 여행을 하게 되었는데 좀처럼 알지 못했던 신비로움으로 아이들의 흥미를 끌었다. 다음에 그는 앨라배마의 버밍햄(Birmingham)에서 세탁소를 경영했다. 넬리와 다른 많은 착하고 어린 남부 소녀처럼, 그의 약혼녀인 메리(Mary)에게는 편찮으신 어머니가 계셨기 때문에 두 사람이 20여 년간 돌봐 드려야만 했다. 그동안에 찰튼은 그녀가 결혼하지 않는다는 조건으로 그의 돈 모두를 약혼녀에게 남길 것을 서명했다. 그녀의 어머니가 사망하고 그들이 결혼을 했을 때, 그들은 그 서명에 대해서는 까맣게 잊어버렸다. 결혼 후 얼마 되지 않은 1935년 3월 찰튼이 사망했는데, 메리는 미망인이 되었으나 상속을 받을 수가 없었다. 모건은 메리에게 그의 재산을 나누어 주기 위해 노력했지만 법률적으로 해결이 되지 않았다.

1924년 8월, 모건의 어머니가 우드 홀의 가족을 방문하다가 병을 얻게 되었고, 상태가 점점 심해져 그곳에 머물다가 뉴욕의 요양소로 옮겨가게 되었다. 그 후 넬리와 함께 렉싱턴으로 돌아온 어머니는 이듬해 1월 15일 세상을 떠났다. 지방 신문의 한 사설은 "젠틀 우먼(A Gentlewoman)"이라는 제목으로 그녀의 아름다움과 충성심을 칭송했다. "렉싱턴에서, 모건 부인은 그녀의 전 생애 동안 연방군의 가족과 친구로 그리고 안락과 행복을 주는 사람으로 알려졌다. 그녀는 크라이스트처치 대성당(Christ Church Cathedral)에 헌신적인 사람 중 한 명이었으며, 연방 여성 연합의 첫 대표자들 중 한 명이었다." 그 신문의 사망 기사는 그녀의 현명한 아들 모건에 대해서도 언급하고 있다. 톰과 릴리언은 장례를 위해 렉싱턴으로 갔고, 이로써 켄터키의 사촌들 몇 명은 처음으로 모건을 볼 수 있게 되었다.

넬리 2세는 계속 브로드웨이에서 살았고, 찰튼 1세가 사망한 후에 그녀와 그녀의 어머니는 서로 떨어지게 되었다. 모건은 오랫동안 집세를 지불해 주었을 뿐만 아니라 두 사람을 위해 의사에게 도움을 청하고 규칙적

모닝사이드 헤이트에서 이디스, 릴리언, 이사벨 모건.

출처: 모건 가족 제공

으로 생활비를 보내 주었다. 넬리는 엄격한 집주인이었고, 나이 많은 여자는 세 들어 사는 사람이지만 오랫동안 서로의 친구가 되었다. 한번은 세 들어 살던 스캇(Scott)이라는 젊은 남자가 아주 성공적인 파티(저녁 11시 30분에 끝날 정도로 성황을 이룬)를 열었음에도 불구하고 그녀는 그를 쫓아냈다. 넬리는 렉싱턴에서 개신교 신자로 널리 알려져 있었으며 그녀의 조카와 질녀, 그리고 훗날 그들의 아이들에겐 자애로운 아주머니였다.

넬리는 남동생보다 더 오래 살았다. 그녀는 1956년 1월 24일 렉싱턴의 양로원에서 오랜 투병 끝에 사망하였는데 그때 나이가 83세였다. 그녀에 대한 짧은 부고에는 모건이나 그녀의 아저씨 존 헌트 모건에 대한 언급은 없었다.

아이가 한두 명이었을 때, 릴리언은 집안에 있는 서너 명의 하인들에게 임박한 일정을 미루거나 의지하면서 실험실에서 오랜 시간 일하곤 했다. 그러나 그녀가 40대에 마지막으로 태어난 아이를 포함하여 아이가 4명이 되었을 무렵부터는 초파리 연구로서 매일 무엇을 발견할 것인가를 조사하고 과학적인 연구도 꾸준히 하였지만 실험실의 일은 그만두었다. 그녀는 대부분의 정열을 모건의 건강을 보호하는 데 쏟았다. 그녀는 또한 아이들의 교육도 책임져야 했다. 그녀는 딸들에게는 바느질을, 하워드에게는 목공 일을 가르쳤다. 심지어 딸이 직접 디자인해 여러 가구를 만들기도 했고, 그녀와 하워드가 몇 가지 가구를 제작하기도 했다. 그녀는 두 어린 딸 릴리언과 이사벨이 겨울철 내내 실내에서만 지내는 것이 좋지 않다고 판단해 7~9세가 될 때까지만 집에서 머무르게 했다. 릴리언은 아이들을 모두 사립 학교에 입학시켰고, 가족이 대체로 음악적 재능이 없음에도 불구하고 모든 아이들에게 음악을 가르쳤다. 그녀는 평생 동안 매주 바이올린을 연주했고 종종 피아노도 쳤다.

모건의 삶은 언제나 만족스러웠다. 모건은 결코 '금융왕' 존 피어폰트 모건(John Pierpont Morgan)의 혈통은 아니었다. 그의 봉급에다 저서의 인세, 강의료 외에 주식과 채권의 정기적 소득이 모건과 그의 아내 수입의 전부였다. 그러나 모건은 자신의 안정적인 재정을 과시하지 않았다. 그는 때로 누더기를 걸친 것처럼 입었고 익명으로 자선 사업을 하곤 했다. 가

하워드 키 모건과 그의 개 카이.

출처: 모건 가족 제공

족들은 훌륭하고 맛있는 음식과 많은 하인들의 도움으로 풍족히 살았지만 검소한 생활을 했다. 예를 들면 모건의 자녀 중 한 명은 크리스마스이브 때 트리를 샀던 건 그때가 가장 쌌기 때문이라고 회상했다.

1920년 모건은 첫 안식년 휴가를 가졌다. 그는 그해 여름 동안엔 퍼시픽 그로브에 있는 스탠퍼드 대학의 홉킨스 해양연구소에서 일했고, 학기 중엔 스탠퍼드 대학에 나갔으며, 그다음 해 여름은 버클리(Berkeley)의 캘리포니아 대학에서 지냈다. 톰과 릴리언이 함께 그토록 멀리, 오랫동안 여행하게 된 것은 17년 전 퍼시픽 그로브로 신혼여행을 간 이후 처음이었다. 가까운 켄터키조차도 가 보지 못하고 뉴욕과 우드 홀 사이에서만 자란 아이들에게 이 여행은 아주 새로운 경험이었다. 그들이 삶의 문제에 관해 조금이라도 이해하게 된 것은 이번이 처음이었는데, 그것은 모든 일을 이론적으로 설명하려고 하는 부모로부터가 아니라 캘리포니아의 태양 아래 자란 티 없는 아이들로부터였다. 게다가 가족의 빡빡한 스케줄이 깨지고 새로운 모험이 시작되었다.

모건 가족은 퍼시픽 그로브에 도착하고 나서 그들의 첫 번째 차인 오버랜드(Overland)를 샀다. 하워드와 릴리언은 운전 교본으로 운전하는 법을 배웠는데, 하워드는 운전을 빨리 배워서 14살에 운전면허를 취득했다. 모건은 자동차 운전을 배울 시간도 없었고 흥미도 없었다. 게다가 그는 아내나 학생, 또는 동료들이 그가 원하는 곳은 어디든지 그를 태워다 줄 수 있다는 걸 알고 있었다.

차는 릴리언과 아이들에게 생각지도 않았던 자유를 가져다주었다. 그들은 그해에 일정을 변경하여 집을 빌려 가면서 일련의 캠핑 여행으로 캘리포니아를 탐험하기 시작했다. 그러나 모건은 남자들만 참여하는 캠핑에 단 한 번 함께했을 뿐이다. 그는 언제나 일 핑계를 댔지만 아이들은 아버지가 여행을 좋아하지 않는 이유가 다른 데 있음을 알았다. 그 이유는 아버지가 저녁 식사 후에 그가 애용하는 흔들의자에서 시가를 피우거나 밤늦게까지 학술 잡지와 논문을 읽는 것, 그리고 함께 대륙 횡단 여행을 했던 컬럼비아 대학의 제자들. 동료들의 모임 같은 일상생활에서의 안락함을 선호했기 때문이었다.

1921년 뉴욕으로 돌아온 지 얼마 지나지 않아, 그리고 그들이 과거의 생활 습성으로 되돌아가기 전에 릴리언은 이제 옛날처럼 가족을 돌보지 않아도 된다고 생각했다. 아이들은 모두 학교에 다녔고, 집안일도 잘 돌아가고 있었기 때문이다. 이제 그녀는 하루에 다섯 시간 가량 연구실에서 일을 할 수 있었다. 아침에 아이들이 학교로 출발할 때 릴리언은 남편과 함께 스케머혼 홀로 출근했고, 점심때면 두 사람은 어린 두 아이와 함께 집으로 돌아와 점심을 먹었다.

실험실 생활은 컬럼비아 대학교 생물학과의 여자 대학원생이면 누구에게나 그렇듯, 릴리언에게도 불편한 것이었다. 그들은 초파리 사육실에서 성역이라고 할 수 있는 안쪽 방에서 일하는 것이 아니라 바깥쪽 방에서 일했다. 여자 대학원생들은 모건이 주최하는 금요일 저녁의 생물학 독서 모임에도 초대받지 못했으나, 이런 일로 모건에 대한 존경심이 줄어들지는 않았다. 다만 릴리언은 실험실에서 아무런 지위가 없었기 때문에 여학생들보다 더 어색한 위치에 있었다. 그녀는 학생이 아니었다. 그녀는 때때로 사람들이 말하는 것처럼 남편의 조교도 아니고 동료도 아니었다. 그녀는 무급으로 일했으며 실험에 필요한 시약이나 기구 및 실험 기기를 이용하는 것도 무언의 동의가 필요했다. 그녀의 연구 주제가 비록 남편이나 그 팀의 다른 멤버들의 것과 밀접하게 관련되었어도, 그녀는 그곳에서 완전히 구분된 존재였다.

1921년에 50대가 된 그녀는 머리를 모두 뒤로 넘기고 코안경을 걸친, 다소 단호해 보이는 여인이 되었다. 많은 학생들이 그녀를 무서워했고, 실험실에서 어떻게 대해야 할지 어려워했다. 그러나 릴리언은 초파리 연구에 빠져 있었고 그런 일에 익숙했다. 학생들도 점차 그녀가 친절하고 관대하다는 것을 알게 되었다. 그녀의 남편은 남부 사람답게 장난기 많고, 친절한 매력을 가지고 있었으나, 내키지 않을 때면 그의 명성대로 쉽게 무뚝뚝해지는 경향이 있었다. 그에 비해 모건 부인은 사람들과 친밀하게 지내는 데 시간이 좀 걸리는 편이었으나, 남편 제자의 부인들, 특히 유학생의 부인들을 어머니처럼 돌봐 주었고, 많은 이에게 좋은 친구가 되었다.

초파리 실험실에서의 애매한 위치에도 불구하고, 그녀는 그곳에서 무척 활동적이었다. 어느 날 관찰하고 있는 현미경의 초파리가 새로운 돌연변이체임을 깨달은 순간, 갑자기 초파리가 날아가 버리는 일이 생겼다. 모두가 유리 슬라이드에서 바닥으로 떨어졌을 거라고 생각하고 마룻바닥을 뒤지기 시작했다. 그러나 릴리언은 초파리가 마취에서 깨어나 날아간 것이 틀림없다고 생각했다. 초파리가 빛을 찾아 날아드는 경향이 있기 때문에 창문으로 갔으리라 추측하고 그곳에서 잃어버린 초파리를 찾아냈다. 방안이 온통 도망친 수십 마리의 초파리로 가득하고, 무르익어 가는 바나나 향내와 반쯤 채워진 쓰레기통 속의 냄새에 이끌려 창문 밖에서 날아들어 온 초파리까지 가득한 것을 고려할 때, 이것은 생각보다 대단한 수확이었다.

곧 그 초파리는 특이한 암컷임이 입증되었다. 그 초파리의 형질은 반성 유전의 경우 일반적으로 나타나는 교차 유전을 따르지 않았다. 일반적으로 사람의 색맹이나 초파리의 흰 눈처럼, 수컷은 모계로부터 성연관 유전자를 물려받지만, 암컷은 부계나 모계로부터 물려받는다. 그러나 흰 눈형질과 마찬가지로 성연관 열성 형질인 복부가 노란 이 암컷 초파리를 보통의 수컷 초파리와 교배하자 태어난 모든 암컷은 모계와 같은 노란 복부였고, 반면에 모든 수컷은 부계를 닮았다. 예상했던 것과 완전히 반대인 이유는, 이 초파리 어미의 염색체가 XXY였기 때문이었다. 따라서 다음과 같이 설명할 수 있다. 두 개의 X 염색체가 함께 연관되어 있고, 따라서 두 타입의 난자, 즉 XX와 Y가 생성된다고 하자. 이것들은 X나 Y를 가진 정자에 의해서 수정될 것이다. 이때 YY 개체는 생존하지 못하고, 초자성인 XXX는 약해서 쉽게 죽는다. 살아남는 대부분은 부계로부터 X를 받지 않은 XXY의 암컷과 부계로부터 X를 받음으로써 정상인 XX 수컷으로 나타난다. 이는 세포학적 연구와 교배 실험 결과로 확인되었다.

이 실험은 또한 성이 결정되는 것이 단지 X나 Y 염색체의 존재에 의해서가 아니라, 수정 시 X 염색체와 상염색체 사이의 양적 평형으로 결정된다는 성 결정에 대한 브리지스의 평형론을 확인해 주었다. 흥분한 모건 부인은 한 친구에게 다음과 같이 편지를 썼다.

"그 초파리는 복부가 노란 암컷이었어. 분명히 감수분열 시기에 복부의 노란 형질을 나타내는 한 쌍의 염색체가 반으로 분리되지 않았어. 지금까지 3세대를 거치는 동안 분리되어 나타나지 않는 것으로 알 수 있지. 이는 모든 수컷은 어떤 경우든 언제나 부친을 닮고, 3세대 동안의 모든 암컷 자손은 노란색이라는 사실에 근거해. 자손 1세대에서 수컷은 이 설명이 맞다면 예상할 수 있는 것과 같이 불임이었어. 몇몇 특이한 암컷이 나타났는데 이것들은 노랑 염색체와 부친으로부터 받은 X 염색체로부터 기대할 수 있는 색깔을 가졌다는 점에서 브리지스의 XXX 파리와 유사해."

1920년에 들어서는 이러한 방향의 연구가 어느 정도 끝나게 되었으므로, 자연히 새로운 유전자나 염색체 돌연변이는 그전보다는 드물게 발견되었고, 초기에 모건 교수로 하여금 유전학에 관심을 불러일으키게 했던 의문점들이 그가 만족할 정도로 풀렸다. 따라서 그는 연구 논문이나 저서를 쓰는 데 있어서 다산, 다작이던 종래의 방향을 틀어, 그동안에 있었던 초파리 유전학 연구의 결과를 총정리하는 단계로 접어들게 되었다.

컬럼비아 대학에서의 말년에, 모건 교수는 그의 성공적인 연구 업적의 대가로 많은 보답을 받게 되었다. 저서의 개정판과 번역집이 도처에서 연이어 발간되었고, 명예 학위도 받았는가 하면, 1927년에는 국립과학아카데미의 회장직과 같은 고위 관직에도 선출되는 영예를 누렸다. 또한 그의 실험실의 명성과 매력에 이끌려 세계 각지에서 수많은 과학자들이 몰려들었다는 사실만 보아도 그가 매우 존경받는 과학자였다는 사실을 쉽게 짐작할 수 있다. MN 혈액형이 새로이 발견된 1927년에는 란트슈타이너와 레빈(Levine)이 그 혈액형의 유전 양상 규명에 도움을 청하고자 찾아왔는가 하면, 1922년 이 초파리 실험실을 방문한 베이트슨은 "컬럼비아 대학이 성취한 경이로움을 음미하려고" 모건 교수를 찾았다고 말하기도 했다. 모건의 초파리 실험 결과가 옳았다는 사실이 속속 인정되었는데, 그중에서도 모건의 실험실을 방문하기 전까지는 유전자가 염색체의 실체적 일부라는 것을 믿지 않았던 베이트슨의 전향은 실로 극적인 것이었다. 자기 자신이 예외에 속하게 되면 이를 소중히 여기게 되는 건 자연스러운 일로, 그 후 토론토에서 열린 제3회 국제유전학회에서 베이트슨은 다음과 같이 연설했다(『Science』50: 55~61, 1922).

"모건과 그의 동료들이 밝힌 연구 성과 중에서 특히 브리지스의 연구 결과를 보면, 수정된 난자인 접합자의 특정 형질과 특정 염색체를 서로 연계할 수 있다는 데 더 이상 의심의 여지가 남지 않게 되었습니다. 최근 다소 상충되는 호기심의 대상으로 여겨지는 '유전'이라는 현상과 '변이'라는 현상이 어떤 기본 원리에 의해 지배될지도 모른다는 아주 미약한 기미를 추적함으로써, 이들이 이렇게 훌륭한 사실을 발견하게 된 것입니다. 이 경사스러운 성탄의 계절에 본인은 서방에서 떠오른 빛나는 별을 향하여 경배를 드리고자 이 자리에 섰습니다."

상기 연설 중 베이트슨은 다윈의 진화론에 정면으로 반대하고 나섰다. 또한, 이 저명한 유전학자가 다윈의 진화론을 믿지 않는다는 것을 언론이 과장되게 편파 보도함으로써, 미국 내의 진화론 지지자들과 진화론에 반대하는 근본주의 정통 기독교 이론가들 사이에 논쟁이 다시 가열되었다. 이로 인하여 모건 자신도 여러 주 정부에서 일고 있었던 논쟁에 간접적으로 연루될 수밖에 없었다. 테네시주에서는 그 악명 높은 스코프스(Scopes)의 협잡에 가까운 재판이 있었는가 하면, 1923년 켄터키주에서는 기독교 근본주의자를 옹호하는 법률이 근소한 차이로 부결된 바 있다(공립학교의 교과서에 진화론에 관한 내용을 싣지 않는다는 법안이 상정되었다. 이 법안은 1차 투표에서 38대 36으로 우세하였으나 정원의 과반수인 40표를 얻지 못해 부결될 위기에 처했고, 이 법안의 제안자들은 결석 의원들을 찾아 출석시켜 2차 투표를 실시해 40대 39표로 우세한 결과를 얻었다. 이렇게 되자 반대자들은 정회와 재투표를 요청했고, 그러는 동안에 세 사람을 더 출석시켜 41대 41이 되었다. 침례교의 신봉자로서 보나 마나 찬성표를 던질 것으로 여겨졌지만 그때까지 기권을 유지하고 있던 커널(Cunall) 대의원이 결정투표의 처지에 몰렸는데, 그는 마침내 그의 종교를 포기하고 반대표를 던진다고 선언하여 법안은 부결되었다. 그 결과 모건은 일부 사람들로부터 분노의 대상이 될 뻔한 상황을 모면할 수 있었다).

초파리 실험실이 있는 스케머혼 기념관을 방문하는 사람들은 늘 한결같은 모습의 모건 교수를 만나게 되는데, 레빈은 그다지도 명성 높은 모건 교수가 여기저기 실험물들로 가득 차서 비좁은 초파리 실험실 한구석에서 팔꿈치를 오므리고 집에서 싸 온 점심 도시락을 먹고 있는 모습을 목격하곤 놀라지 않을 수 없었다고 말했다. 그의 실험실을 방문하는 일은 그 당시 전 세계에서 유전학을 연구하는 후학들이 제일로 치는 큰 염원 중의 하나였지만, 직접 방문한 뒤엔 크게 실망하는 게 보통이었다. 러시아(Russia)에서 태어나고 교육받은 도브잔스키(Dobzhansky)의 경우에도, 그토록 유명한 모건 교수라면 그 모습이 얼마나 '신령스러울까' 하며 숨을 죽이고 뉴욕에 도착하였으나, 언제나 한결같이 실험복조차 입지 않고 아무렇게나 차려 입은, 또 의례라곤 지키지 않는 모건 교수를 대면하고 처음에는 크게 실망하고 말았다(『보그(Vogue)』 잡지사에서 캘텍의 노벨상 수상자 연재물 사진을 찍을 때 단 한 번 실험복을 입었다는 기록이 있다).

모건은 1927년부터 1940년까지 도브잔스키를 뉴욕의 컬럼비아 대학에 그의 후임자로 보낼 때까지 컬럼비아의 캘텍에 14년 동안이나 그를 데리고 있었는데도, 도브잔스키의 이름을 한 번도 제대로 발음하지 않았을뿐더러, 부를 수 있을 것 같지도 않았다.

모건 교수의 실험실 관리 관행에 적응하는 일은 보통 과학자들로서는 그리 쉽지만은 않은 일이었을 것이다. 모건 교수는 그가 신뢰하는 사람들 중에서 자기가 하고자 하는 일에 자긍심을 가지며, 동기와 목표 의식이 뚜렷한 사람들만을 골라서 연구진을 구성했다. 일단 일을 맡기면 자유롭게 일할 수 있도록 분위기를 조성했지만, 모건 자신의 타고난 호기심으로 인해 별안간 끼어들어서 실험 중에 어깨 너머로 기웃거린다든가, 현장에서 즉석 제안을 한다든가 또는 질문을 던진다든가 하는 때가 많았다. 그는 진행 중인 모든 연구 과제들을 항상 조화롭게 잘 조정하는 역할은 물론, 그의 제자인 스터트번트가 말했듯이 자신의 지도 아래 있는 사람들을 열성적으로 지원하고, 격려하고, 또 보호해 주는 등의 중요한 역할을 잘 해내는 전형적인 훌륭한 연구 책임자였다.

모건의 첫 번째 대학원생이었던 페인 박사가 기르기 시작한 초파리 계통이 그로부터 18년 후가 되는 1927년에는 약 15,000세대나 계대 배양되었는데, 모건은 이들의 대부분을 브리지스와 스터트번트에게 물려주었다(모건은 제자들이 박사 학위를 받은 지 이미 20여 년이 지나고 또 학술계에서도 상당한 위치에 있게 된 후에도, 늘 버릇대로 '얘들아, 이 사람아, 여보게' 등으로 불렀다). 그 자신이 마음이나 행동에 있어서 천진스러운 소년 같았으므로 스터트번트가 후일 말하기를 "모건 교수는 개발 단계에 있는 새로운 연구 분야에 성심껏 관심을 보였고, 또 잘 알려진 다른 분야의 구체적이며 분석적인 연구의 가치를 높이 인정하여, 항상 최선을 다해 후원해 주었다. 그러나 한편으로는 그 자신의 새로운 연구 과제나 초파리 계통의 개발에 착수하기를 게을리하지 않았다. 그는 항상 여러 분야의 연구를 동시에 수행하고 있었는데, 이러한 사실은 그의 논문과 저서의 주제가 다양했다는 것만 봐도 잘 알 수 있다. 상당수의 연구 과제가 별 성과 없이 끝나기도 했는가 하면, 어떤 경우는 기록에 나타나지도 않고 사장된 연구도 있었다." 1924년에 있었던 미기록 실험의 한 실례를 보면, 이는 아직 라마르크의 용불용설적인 것으로서, 파블로프(Pavlov)가 주창한 조건반사가 다음 세대로 유전되는 형질인지 아닌지를 생쥐를 재료로 2년간이나 실험했는데, 그 결과는 부정적인 것이었다.

모건은 그의 일생을 통해 박물학자로서의 관심과 흥미를 잃지 않았다. 그는 사람들이 그에게 가지고 오는 동식물 표본의 이름을 거의 모두 알아맞히고 자상히 일러 주곤 하였다. 1920년에는 10대 소년이었으나, 그 후 행동학의 창시자가 되어 인상 찍히기(imprinting) 행동 현상을 발견하고, 1971년에 노벨 생리의학상을 수상한 로렌츠(Lorenz)는, 컬럼비아 대학에서는 아무도 알지 못하는 동식물 표본이라도 스케머혼 기념관에 있는 유전학자인 모건 교수를 찾아가기만 하면 알 수 있다는 말을 듣고 10대 소년 시절부터 그를 찾아가기 시작했다. 후에 로렌츠는 모건이 꼭 링컨(Lincoln)처럼 키가 크고 야윈 사람이었다고 회상했는데, 모건은 소년 로렌츠가 가져오는 이런저런 벌레며 짐승들의 이름은 물론, 각 동물의 생활사, 형태학적이고 생태학적인 지식들을 상세히 가르쳐 주었다.

여기에서 모건의 학자로서의 관대함과 인간으로서의 순진함, 그리고 생물에 대한 진지한 애정이 엿보이는데, 뜻이 통한다고 생각하는 사람을 만나기만 하면 층층이 쌓인 초파리로 가득 찬 병을 일일이 보여 주며 설명해 주었다. 그는 이 미명의 소년에게도 그가 최초로 발견한 초파리의 침샘 염색체를 현미경으로 보여 주고 설명해 주기까지 했다. 20여 년이 지난 후 동물에 대한 호기심과 애정으로 가득 찬 이 소년이 위대한 행동학자가 된 것은 우연이기 이전에 필연이었을 것이며, 또한 모건이 이 필연에 일조하였음에 틀림없다. 이에 우리는 평범한 진리 하나를 새삼스럽게 깨닫게 된다. "자신이 가장 좋아하고 사랑하는 일이 그대를 행복하게 하고 성취케 하리라. 성적에 맞추어 학과를 선택하는 어리석음은 인생의 무덤을 파는 행동이리라."

모건은 컬럼비아 대학에서만 근 4반세기 동안이나 일했고, 1927년 61세가 되자 강단으로부터 은퇴해야 하는 나이가 되었다. 분명 그동안에 모건은 목전의 관심사들을 풀어 보려고 수많은 실험에 파묻혀 지내다 보니, 정작 인생에 있어서 품어 왔던 야망은 불과 절반 정도밖에 이루지 못한 셈이라고 생각했다. 개체의 발생 과정에 있어서 유전자가 관여한다는 것은 사실이나, 어떻게 관여하는가 하는 문제가 풀리지 않은 숙제의 하나로 그의 뇌리에 남아 지워지지 않고 있었다. 대부분의 사람들은 이룩한 명성에 만족하고 은퇴하여 편안히 자신의 일을 계속했을 텐데, 모건은 달랐다. 살기 좋은 고장으로 알려진 캘리포니아에서 날아온 한 교수 공채 광고에 응모하여, 그가 그리던 이상적인 생물학 대학을 그곳에 새로 세우게 되었으니, 이때가 그의 나이 62세였다. 인생 미완의 절반을 성취하려고 이곳에 왔노라고 공언하였으니, 이는 바로 분화 발생의 과제, 즉 미분화 상태의 수정란이 어떤 메커니즘에 따라 특수한 기능을 가진 각 조직과 기관으로 분화하여 성체로 발생하는가의 숙제를 풀어 보려는 과업이었다.

◆

Thomas Hunt
Morgan

8

캘텍 시절

> 톰은 위대한 과학자이며
> 계란이 악어로 변하지 않는 이유만을 제외하고는
> 모든 것을 통달했다.
>
> － 찰스 킹슬리 －

1928년 모건은 패서디나(Pasadena)에 있는 캘리포니아 공과대학에 신설된 생물학부의 책임자가 되었고, 그를 위해 마련된 축하회에서 "죽으면 캘리포니아로 가기를 바랐었는데, 오히려 연구소로 와 달라는 요청을 몇 년 앞서서 받게 되었고, 바람직한 앞날을 기약할 수 있는 좋은 기회를 잡았다"고 인사했다.

그 요청은 전혀 새로운 분야인 생물학부를 조직하고 운용하기 위한 것이었다. 캘리포니아 공과대학은 공작 기술 훈련원이었던 19세기 스룹(Throop) 공예연구소를 시작으로 개원되었다. 제1차 세계대전이 끝난 후 몇 년 동안, 특히 물리학자인 밀리컨(Millikan)이 행정 책임자가 된 다음 새 이름으로 바뀐 캘리포니아 공과대학은 이후 급속히 발전해 하나의 공학대학에서 세계적인 물리학 연구센터로 확고하게 발돋움하였다. 밀리컨 자신도 1923년에 노벨 물리학상을 수상한 바 있으며, 학교를 위해 막대한 기부금을 모은 유능하고 매력적인 사람이었다. 1927년에 이르기까지 물리학, 화학, 지질학, 그리고 항공학 등 여러 분야가 한데 어울려 공동 연구가 이루어진 바 있는데, 이에 참여하기 위해 각 분야마다 최우수 학자들이 모여들었고, 가장 실력 있는 대학원생들이 입학했으며, 또한 중요한 연구가 진행되었다. 그리고 모건은 지금까지 없었던 새로운 분과인 생물학 분과를 조직하도록 초청된 것이었다.

1927년 7월, 모건은 흔쾌히 그 일을 맡았다. 그러나 그는 컬럼비아에서 한 해를 더 보낼 수 있도록 허락해 줄 것을 요청했다. 그가 캘텍으로 떠나면서 구멍 난 학과를 메우느라 애쓰는 윌슨을 그냥 두고 떠나고 싶지 않았기 때문이었다. 뉴욕에서의 이 마지막 한 해 동안, 그는 새로운 학부 설립을 위한 계획을 세웠다.

모건에게 있어서 그렇게 큰 규모의 행정적 지위를 받아들인다는 것은 아이러니였다. 그는 항상 자기 자신을 "일생 동안 행정적 장애물에 걸리지 않도록 열심히 노력하는 실험동물"이라고 일컬었는데, 그는 이 일로 몇몇 친구들이 어리석은 실수를 저지른 것으로 생각지나 않을까 조금은 마음을 썼던 것 같다.

그는 혼자서 일하거나 초파리 사육실의 친근한 분위기 속에서 작업하는 것을 좋아했다. 그가 대규모의 공동 연구 계획을 싫어한다는 것은 잘 알려진 사실이다. 나중에 국립 소아마비 재단의 미생물학자가 된 그의 딸 이사벨이 개인으로서는 더 이상 가치 있는 연구를 수행하는 것이 어렵다고 주장했을 때, 모건은 항상 그녀를 '록펠러 연구소 사고방식'이라고 웃어넘기고 나무랐다. 그러나 캘텍에서 그의 위치는 독자적인 계획대로 생물학부를 세우기에 충분했다. 가르치는 일이 아닌 연구가 최대 초점이 되었으며, 그 연구 내용은 곧바로 응용될 수 있는 실질적인 것보다는 주로 '순수한' 것이었다. 교수진과 대학원생들은 모건의 기대에 적합한 사람들이었다. 즉 그들이 원하는 것이 무엇인가를 알고, 최소한의 지도와 최소한의 추리로 그 일을 착수할 수 있는 사람들이었다. 더욱이, 연구 체제가 잘 정립되어 있는 물리학 연구소 내에서 이 프로그램을 수립한다는 것은 그 연구가 정밀하고 분석적이라는 뜻이다. 따라서 생물학도 물리학과 화학에서처럼 동일한 기준으로 연구를 수행하게 되었다.

모건은 이러한 방침에 따라 계획을 수립함으로써, 형태학과 같은 분야를 제외시켰는데, 캘텍이 홉킨스와 컬럼비아 등 다른 곳에서 하고 있는 연구와 중복되기를 원치 않았으며, 연구와 교육의 새로운 방향 개척을 위한 이유에서였다. 그가 한 일은 항상 원해 왔던 공간 설비였다. 즉 초파리 사육실과 나폴리 동물학 연구소의 장점만을 한데 합친 것 같은 이상적인 연구실을 이룩하는 것이었다. 자신의 연구에서 직접적으로 특별한 관심을 쏟지 않았던 부문 중 두드러지게 역점을 둔 것은 물리학, 화학 같은 다른 과학 분야와 생물학과의 상호 공조 체제였다. 캘텍의 생물학 복합 기구는 다른 기초 과학과 물리적 연계를 마련함과 동시에 공동 연구를 지속하기 위해 화학의 날개까지도 달고자 꾀했다.

그는 식물학, 동물학, 그리고 유전학을 생물학부에 소속시켰다(모건은 병원 설립에 대한 계획안은 거부했다). 초기 계획 중에 그는 "생명 현상에 대한 통일성을 발견하는 데 공통의 관심사를 가지고 있는 사람들이 하나의 그룹으로 뭉치기 위한 노력이 있어야 할 것이다"라고 기록한 바 있다. 그의 수학, 물리, 화학 개념에 대한 이해는 스스로 인정한 바와 같이 한계가 있었지만 그의 계획은 거시적이었다. 그리고 그가 세운 공동 연구 프로그램은 그가 새 교수진으로 초빙한 사람들의 연구에서 잘 이루어졌다.

생물학은 물리와 화학에 의해서 설명될 수 있다는 19세기의 생각은 톰프슨(Thompson)이 훌륭하게 표현했다. 즉, "세포와 조직, 조개껍질과 뼈, 나뭇잎과 꽃은 많은 물질 분배로 이루어져 있으며 그것들을 이루고 있는 입자들은 물리학의 법칙에 따라서 운동하고 형상화하고 조화를 이룬다." 모건은 다음과 같은 관점을 부연했다. "우리는 발생 과정에서 일어나는 물리 화학적인 변화에 대한 확실한 지식을 통해서만 발생에 관한 연구가 완전한 과학의 수준에 이를 수 있음을 안다." 그가 물리학과 화학 분야에서 성과를 거둔 바 있는 실험 방법에 대해서 마음속에 크게 경탄할 만한 어떤 구체적인 연구법을 가지지 못했음이 분명했다.

모건 자신은 실험을 통한 지식 습득이라는 신념을 포기하고 슈뢰딩거(Schrödingger)나 폴링(Pauling)처럼 이론적인 추리에 몰두한다는 것을 전혀 생각할 수 없었다. 그들의 서로 다른 두 접근법은 폴링이 잘 표현했다. "그 당시(1937) 나는 란트슈타이너와 내가 과학에 대해 무척 다른 접근법을 가졌다는 것을 알았다. 즉, 란트슈타이너는 '이 실험적 관찰 결과들이 우리로 하여금 자연의 본질에 관해 믿도록 하는 것은 무엇인가'라고 질문했고, 나는 '이 관찰 결과들을 포함해서 이 결과들과 서로 모순되지 않는 세계의 가장 단순하고 일반적이며 지적으로 만족할 수 있는 모습은 무엇일까'라고 물었다. 모건은 전적으로 란트슈타이너 편에 섰다. 그리고 그는 진리는 실험에 의해서만 주어진다고 믿었다." 모건은 캘텍에서 설립한 생물학 분과에서 위의 두 접근법을 만날 수 있었다.

모건은 새로운 생물학 분과에 편입될 분야들에 관해 비교적 확고한 생각을 가지고 있었다. 즉 생물학부에는 유전학과 진화학, 실험발생학, 일반 생리학, 생물리학, 생화학이 있어야 한다고 생각했다. 심리학 같은 분야는 나중에 추가되었다. 그러나 생물학 분과의 확실한 윤곽과 방향은 담당 교수진에 일임했다. 모건은 단순히 빈자리를 채우려 한 것이 아니라 서두르지 않고 필요에 따라 천천히, 가장 실력 있는 사람들을 모았으며, 교수들 자신의 관심과 능력에 따라 연구하도록 했다. 이러한 이유로, 그가 제안 설정한 몇 분야에 종사할 적임자를 구했음에도 불구하고, 처음 한 해 동안에 문을 연 유일한 분과는 유전학과뿐이었다. 모건은 컬럼비아에 있는 동물학과에서 브리지스, 스터트번트, 슐츠, 그리고 타일러(Tyler)를 초빙했으며 추가로 도브잔스키를 채용했는데, 그는 처음에 연구원이었다가 다음 해에 조교수가 되었다. 1931년까지 컬럼비아 팀을 제외한 구성원들은 앤더슨(Anderson), 보수크(Borsook), 돌크(Dolk), 로버트 에머슨(Robert Emerson), 스털링 에머슨(Sterling Emerson), 허프만(Huffman), 린드스트룀-랑(Linderstrøm-Lang), 심즈(Sims), 그리고 티만(Thimann) 등이었다. 보너(Bonner)와 슐츠는 대학원생이었으며, 비들(Beadle)은 박사후 연구원이었고, 키슬리(Keighley)는 보수크의 조교, 라머트는 앤더슨 교수의 박사후 연구원이었다.

컬럼비아 대학에서의 마지막 해에 모건은 캘텍의 새 건물을 오가며 겸임했다. 이 건물에는 교수진과 6명 정도의 대학원생, 그리고 1928년 늦은 여름 우드홀을 거쳐 도착한 대량의 초파리 개체군(Stock)들이 이주하게 되었다. 모건이 건물의 완공과 도서관 및 연구실 설비를 지시 감독하는 동안 그들은 주로 다른 사람들의 사무실과 교실을 몇 달간 연구실로 이용했다.

재정이 어려운 시기여서 단시간에 많은 설비를 마련하기 힘들었고, 새 서류 캐비닛을 구입하는 대신 5년마다 그의 모든 서류를 파기하는 게 나을 정도였다. 캘텍의 신축된 생물학부 건물에는 각 층마다 고작 한 대의 전화기와 전체 건물에 비서 한 명이 다였다. 한 과학자는 개당 1센트도 안 되는 초파리 배양용 용기 구입이 어려워 유전학의 아버지인 모건과 헌 용기 찾는 일에 2시간을 허비해야 했다. 비들은 모건이 해변가의 발생학 연구실에서 실험에만 몰두할 수 있어 기분이 좋아 보이는 무척 행복한 어느 일요일이, 90달러짜리 새 현미경 대물렌즈를 구입해 달라고 요청하기에 좋은 기회라고 확신하고 모건을 찾았던 기억을 조심스럽게 상기했다.

$$\begin{array}{ccccccc}
& \text{효소 1} & & \text{효소 2} & & \text{효소 3} & \\
& \downarrow & & \downarrow & & \downarrow & \\
\text{전구물질} & \dashrightarrow & \text{주황색 물질} & \dashrightarrow & \text{선홍색 물질} & \dashrightarrow & \text{정상 색소} \\
& & \text{(vermilion)} & & \text{(cinnabar)} & &
\end{array}$$

캘텍에서 시작된 중요한 연구는 요약하기 어려울 정도로 많으나 비들의 몇 가지 연구는 예로 들만 하다. 그는 박사후 연구원으로 캘텍에서 모건과 함께 일하며 초파리의 유전자 교차에 대해 연구하기 시작했다. 1933년 그와 캘텍을 방문한 에프루시(Ephrussi)는 선홍색 눈을 가진 버밀리온(vermilion) 돌연변이체가 정상적인 색으로 바뀐다는, 1919년 스터트번트의 논문이 유전자의 작용 양상을 알 수 있는 실마리가 될 것이라고 생각하게 되었다. 눈 색깔에 있어서 유전자의 효과는 주위의 조직에 영향을 받기에, 그들은 다양한 조건에서의 다양한 눈 색깔 돌연변이체들의 연구에 의해 유전자 작용의 문제를 풀 수 있을 것이라고 생각하게 되었다. 그들은 돌연변이체 유충의 어린 눈을 떼어서 야생형에 이식하는 시도를 하였다. 이식받은 유충이 변태를 거치고 성체 초파리가 되면 이식된 눈을 제거하고, 성체의 눈 색깔을 관찰하고자 한 것이었다.

비들은 이를 위한 기관 이식 기술을 배우기 위해 1년간 에프루시와 파리에 갈 수 있도록 록펠러 재단에 지원을 요청했으나 거절당했다. 이때 필요한 1,800달러가 캘텍에서 갑자기 지원되었는데, 이는 비들을 신뢰한 모건의 강력한 요구에 의한 것이었거나 그의 사재에서 나온 것이었다. 이는 중요한 연구에 대한 그의 직관력과 그것을 추진해 가는 결단력을 보여주는 것이었다.

비들이 프랑스의 생리화학연구소(Institute de Biologic Physiochemique)에 도착한 지 얼마 후 만난 한 곤충 변태 연구의 권위자는 그들이 제안한 초파리 조직 이식에 대한 연구가 불가능할 것이라고 말했다. 그러나 그들은 연구를 계속했다. 그 결과 많은 돌연변이체의 어린 눈이 예정된 돌연변이체의 색으로 발현되지만 선홍빛 주황색의 어린 눈은 정상인 빨간색 눈으로 바뀌는 현상을 발견했고, 이는 눈 색소 자체 유전자의 조절 작용에 의한 것이 아니라 몸의 다른 부위 유전자의 조절 작용에 의한 것으로 설명했다. 그들은 야생형의 색소가 되게 하는 몇 가지 물질이 야생형 개체의 조직에서 눈으로 확산될 것이라고 가정했다. 상호 교환 이식의 연구 결과와 함께 위의 현상은 유전자에 의해 조절되는 대사 단계의 순서가 있어야 설명이 가능하며 각 단계는 특이적인 효소에 의해 매개된다고 추론했다.

파리에서 돌아온 비들은 스탠퍼드 대학에 가서 테이텀(Tatum)과 눈의 색소를 화학적으로 동정하려 시도하였으나 실패했다. 그들은 실험 가능한 돌연변이체를 찾는 연구 대신 이상적인 연구 대상을 택한 후 필요한 돌연변이를 유발해 보자는 획기적인 생각을 하게 되었다. 그들은 붉은빵곰팡이(Neurospora crassa)를 택했는데, 이는 모건이 컬럼비아에 있을 때 뉴욕 식물원의 빈틈없고 완고한 도지(Dodge)에게서 채택하도록 설득당한 연구 대상이었다.

도지는 붉은빵곰팡이의 자낭 포자를 유전적으로 우세한 것과 열세한 것으로 배열하는 작업에 실패하고는 모건에게 초파리를 쓰기 전에 먼저 실험해 보라고 제안했다. 모건은 이에 동의하고 오염된 몇 배양체를 린더그렌(Lindergren)이라는 젊은 대학원생에게 주어 연구하게 한 바 있었다. 비들과 테이텀은 이를 이상적인 연구 대상으로 보았는데 그 이유는 (1) 이들의 유전학적 특징이 이미 린더그렌에 의해 잘 연구되어 있었으며, (2)

엑스레이나 자외선을 쬐인 포자가 쉽게 돌연변이를 일으킬 수 있고, (3) 곰팡이는 성분을 알고 있는 최소 배지에서 배양될 수 있으며 원하는 대로 배지의 조성을 변경할 수 있어서 생화학적 돌연변이체들을 그들의 성장 유무로서 쉽게 동정할 수 있기 때문이었다. 즉, 성장하지 못하는 돌연변이체는 그 성장을 촉진하는 물질을 찾아냄으로써 동정할 수 있었다. 이들은 엑스레이나 자외선을 쬐여 380개의 돌연변이체를 유도하고 이들을 교배시켜 68,000개가 넘는 단일 자낭 포자를 얻어 냈다. 이 연구는 '유전자가 특정 생화학 반응을 조절하는 효소의 합성에 관여한다'는 '1유전자 1효소' 이론을 이끌어 냈고, 이 연구 결과는 1958년에 유전학 분야의 3번째 노벨상 수상으로 이어졌다 (2번째는 1946년에 수상한 멀러였음).

캘리포니아는 모건이 연구를 계획하는 데 더 없이 좋은 환경이었고, 짧은 기간 안에 쉽게 적응할 수 있었다. 아이들도 성장해서 장남인 하워드는 시작은 좋지 않았으나 캘리포니아 대학을 졸업하고 동료 학생이었던 벅(Buck)과 결혼해 훌륭한 기술자가 되었다. 이디스는 1928년 여름, 브린 모어를 졸업하고 훗날 과학 행정관이 된 과학자 휘태커(Whitaker)와 결혼했다. 그보다 어린 두 딸들 릴리언과 이사벨은 그해 고등학교를 마치고 이사벨은 스탠퍼드에서, 릴리언은 포모나(Pomona)에서 학업을 시작했다. 가족들은 서로 자주 만났는데, 릴리언은 포모나가 근처에 있어서 매주 방문했고, 이사벨은 스탠퍼드 대학이 좀 멀리 있어서 그리 자주 만나지 못했다. 여름이면 첫 손자를 포함한 그의 가족은 우드 홀에 있는 모건의 큰 저택에서 만나곤 했다.

모건과 그의 아내는 샌 파스퀄(San Pasqual)가 1149번지에 있는 스페인 지주 가족이 지은 아름답고 고풍스런 농장 저택을 구입했다. 뉴욕의 집에서 가져온 우아한 마호가니 가구들은 크고 채광이 좋은 캘리포니아의 새 집에 더욱 어울렸다. 뉴욕에서 가져온 피아노는 옮겨올 때 고장이 났지만 오래된 친구로서 새집의 한 부분을 차지하게 했다. 중형의 당구대는 큼직한 새것으로 바꾸었다. 그의 생물학 연구실은 길 건너편에 있었고 캘텍은 상당한 배려를 해서 온실을 지어 주었다. 모건이 해질 무렵이면 아내를 위해 빨간 장미를 꺾곤 하던 뉴욕 시절부터의 습관을 계속할 수 있게 도운 것이다. 아침에 그들은 연구실로 출근했고 모건은 그의 시간을 연구와 행정에 나누어 사용했으나 행정에 더 많은 시간을 할애했다. 점심 때 그들은 집에서 만나 식사한 후 스페인식 안뜰이 있는 저택의 채광 좋은 거실에서 햇볕을 즐겼다. 모건은 독서도 하고 15센트짜리 바비 번스(Bobby Burns) 시가도 즐겼다. 1933년에 아내가 두 딸을 위해 쓴, 그해 가장 인기 있었던 모험 소설인 『앤서니의 위기(Anthony Adverse)』를 읽기도 했다.

그러던 1933년 어느 날, 스웨덴(Sweden) 한림원으로부터 노벨 탄생 100주년 기념식에서 모건이 유전 현상의 염색체설에 대한 연구로 노벨상을 수상하게 될 것이라는 전보를 받게 되었다. 모건은 이미 두 차례나 수상 후보로 지명받았는데, 1919년 해리슨에 의해, 1930년 오슬로(Oslo) 대학 총장인 모에 의해서였다. 모는 이 후보 지명이 유전학은 생리학이나 의학이 아니라는 이유로 거절당했다고 술회했다. 모건은 1933년 취리히 대학에서 명예 의학 박사 학위를 받은 적이 있었다. 이번에 모건을 수상 후보로 지명한 사람은 면역학자이자 의사이며 노벨상을 받은 바 있는 란 트슈타이너였다. 그는 1927년 자신과 레빈이 발견한 MN 혈액형의 유전 현상 연구에 있어 주로 브리지스와 스터트번트의 도움을 받았으나 모건에게서도 도움을 받은 바 있었다.

모건은 자신의 모습이 극장 뉴스에 나올 만큼 대중적인 성공을 거둔 것에 다소 당혹해하면서도 기뻐했다. 그러나 그는 늘 겸손했다. 노벨상이 자기 자신 개인에게만이 아니라 실험 생물학에 주어진 찬사였음을 강조하곤 했다. 초파리 연구실에 4명 이하의 연구원만 있었다면, 노벨상은 초파리 실험실 팀에게 주어졌을지도 모른다(노벨상은 4명 이상에게는 공동 수여

노벨상 수상 통보를 받은 날, 이웃 어린이들과 함께한 모건.

출처: Associated Press 보도 사진

하지 않는다). 모건은 자신의 연구 결과가 연구원의 협동에 의한 것임을 공표한 바 있듯이, 면세로 제공되는 4만 달러의 상금을 아무런 조건 없이 자신의 아이들과 브리지스, 스터트번트의 자녀들에게 균등하게 나누어 주었다(멀러의 자녀는 제외됐다). 스터트번트에게 보낸 편지에서 그는 "자네 아이들을 위해 약간의 돈을 동봉하네"라고만 언급했다(브리지스는 그 돈을 새 차를 사는 데 썼다고 알려져 있다).

모건은 수상자로서 12월 30일 노벨의 생일에 스톡홀름에서 열리는 화려한 축하연에 참석할 특권을 거절했다. 그는 "생리학에 관련된 새로운 부서의 창설과 급박한 유전학의 생화학적 미래상이 관련된 이곳의 형편이 나를 떠나지 못하게 하고 있습니다"라고 변명했다. 의심할 바 없는 또 다른 이유는 화려하게 차려입은 연회에 대한 그의 뿌리 깊은 혐오였다. 또 다른 세 번째 이유는 초파리와 다른 파리 유충의 침샘에 있는 염색체가 재발견되었기 때문이었다. 친절하게도, 자연이 유전학을 위하여 만들어 놓은 이 거대 염색체(염색체가 2,000배로 확대된 것)는 1881년 발비아니(Balbiani)에 의해 각다귀 유충에서 발견되었으나 곧 잊혔다. 이 염색체의 재발견에 대한 보고가 1933년 1월 헤이츠(Heitz)와 바우어(Bauer)에 의해, 그리고 같은 해 12월 페인터(Painter)에 의해 출판되었으며, 이때가 바로 모건이 노벨상 수상 원고를 작성하고 준비하려던 아주 부적절한 시기였다.

유전의 염색체설에 대한 모건 학파의 업적은, 실제로 염색체에 근거한 실증은 거의 없으며 단지 유전학 연구에 기초한 추론이었다. 심지어 염색체 교차에 대한 세포학적 증거도 불확실했다. 그러나 이제 거대 염색체의

초파리 침샘의 거대 염색체.

출처: 브리지스의 「Salivary Chromosome Maps」, 『Journal of Heredity 26』(1935),
그림 4에서 인용

발견으로 과학자들은 초파리의 작고 미분화된 중기 염색체에서 미세하고
도 잘 보이지 않는 어떤 변화를 해석하려고 노력하기보다는, 침샘 염색체
의 크고 명확한 가시적인 토막에서 그 변화를 쉽게 읽을 수 있게 되었다.
이런 거대 염색체는 연관을 입증하거나 논박하는 독립적인 방법으로 유
전자 결손, 배수성, 역위를 추론할 수 있는 무수한 가느다란 밴드(band)를
보여 준다. 이는 모건 학파의 연구 결과에 대한 일대 시험이었다. 과연 거
대 염색체에서 발견될 새로운 데이터가 모건이 예상했던 염색체 연구의
결과를 확신시켜 줄 것인가 아니면 뒤집을 것인가? 그리고 모건 자신의

명성은 유지될 수 있을 것인가?

　모건은 다음 여름에는 기꺼이 노벨 위원회에 갈 것이라고 말했다. 모건과 그의 아내는 1934년 4월 뉴욕을 떠나 딸 이사벨과 함께 런던으로 항해했으며, 오슬로에 있는 모 박사의 집을 방문하고, 스톡홀름에서 모건을 위해 열린 특별 예식에 참석했다. 이즈음에 그 결과가 나왔다. 비록 해결되어야 할 세부 문제들은 남아 있었지만 모건의 업적은 확증이 된 셈이었다. 따라서 그는 연설의 대부분을 지난 12개월 동안 그가 발견한 유전자 지도(1934년 6월에 했던 당초 연설에는 이를 포함시키지 않았다)에 할애했다. 그는 그때까지도 과연 자신의 결과를 정확하게 증명할 수 있을지에 대해 두려워했는지도 모른다.

　그의 연설 내용 자체는 1935년 6월, 비교적 잘 알려지지 않은(지금은 폐간된) 간행물인 『월간 과학(Scientific Monthly)』(41: 5~18)에 실릴 때까지 미국에서는 발표되지 않았다. 그의 원래 연설 내용과 미국의 간행물에 실린 것을 비교해 보면 모건이 그사이에 삽입한 부분이 있다. 그는 정확도에 있어서 지금은 의심의 여지가 없는 유전자 지도(그는 어떤 출판물에서도 스터트번트에 대해서는 언급하지 않았다)와 1935년 2월에 발표된 놀라운 4번 염색체를 포함한 거대 염색체 그림들을 첨가했다.

　고의였든 아니든 간에 모건은 이런 자료들을 첨가함으로써 침샘 염색체에 관한 연구에 있어서 페인터가 분명히 앞서갔던 1933년까지도 마치 헤이츠, 페인터, 브리지스가 막상막하였던 것으로 보이게 했다. 실제로 유전학사 저술에 있어서 유명하고도 신중한 저자인 올비(Olby) 박사는, 캐

1934년 스톡홀름 여행용 여권 사진.

스퍼슨(Casperson) 같은 과학자들은 이미 1933년 스톡홀름에서 모건이 제시한 그림에서 가시적인 유전자를 감지했을 것이라고 추측했다. 그러나 그렇지는 않았다.

「의학과 생리학에 있어서 유전학의 공헌」이라는 주제의 연설에서 모건은 의학을 마지못해 열의 없이 다루었다. 모건은 유전학은 유전 상담 이외에는 의학에 공헌한 바가 거의 없다는 것을 알고 있었다. 비록 그는 폴링(Fölling)이 마침 PKU(페닐케톤뇨증)를 발견하고 PKU의 생화학적 특성을 연구하고 있을 때 폴링의 실험실 바로 가까이에서 연설문을 작성했으면서도 그 내용이나 생화학적 유전에 대해서는 일체 언급하지 않았다. 그리고 그는 다운증후군이 염색체의 비분리 현상 때문에 생기는 것이라는 블레어(Bleye)의 대단한 추론(이것은 1932년에 제시되었으나 1959년까지는 무시되었다)도 언급하지 않았다.

당초부터 인류 유전학회 창립과 학술잡지 발간을 도모하는 전후의 분위기를 반대하던 많은 미국 유전학자들과 마찬가지로 모건은 의학에 무관심했다. 그러나 그 반대가 단지 이론 때문만은 아니었다. 그의 딸 이사벨이 목에서 고름이 나오는 결핵성 질환을 앓고 있을 때 모 박사 자신은 내과 의사로서 인정받은 지 한 달밖에 안 되었으므로 그의 딸을 다른 의사에게 보여야 한다고 말했고, 그러자 모건은 "무슨 상관이오? 당신이 우리의 의사잖소?"라며 모 박사를 추켜세울 정도였다.

어쨌든 그 연설은 유전자 조절 메커니즘에 대한 매혹적인 고찰을 포함하고 있다. 연구에서 유전이 일반적으로 서술되듯이 (비록 명백하게 언급되어 있지는 않지만) 모든 유전자는 언제나 활성을 유지하고 있다. 그런데 만약 개개인의 특성이 유전자들에 의해 결정된다면, 한 몸을 이루는 세포들은 왜 똑같지 않을까?

이와 동일한 패러독스는 수정란이 배로 발생하는 데서도 볼 수 있다. 수정란은 미분화된 세포로 미리 계획되어 있어 기관과 조직에 이르는, 이미 알려진 일련의 변화를 거치도록 결정된 것처럼 보인다. 수정란은 분열 과정에서 염색체가 길이로 쪼개져 정확하게 반으로 나누어진다. 그렇다면 왜 어떤 세포는 근육 세포가 되고, 일부는 신경 세포가 되며, 다른 일부는 생식 세포가 되는가?

이런 질문에 대한 대답은 지난 세기말에는 비교적 간단했던 것으로 보인다. 수정란의 원형질은 부위에 따라서 가시적인 차이가 있다. 말하자면 각 부위의 세포의 운명은 수정란 원형질의 국부적 차이에 의해서 결정되어진다고 생각했다.

그러나 다른 견해도 있다. 배가 발생 단계를 거침에 따라 다른 유전자군이 차례로 작동된다고 보는 것도 가능하다. 그 순서는 일련의 유전자들의 자동적인 조절 과정에 의해 이루어질 수 있다. 이러한 가정에 증거가 없다면 배 발생에 관한 모든 논점을 회피하는 것이 될 테고, 만족스러운 해답으로 여겨질 수도 없을 것이다. 그러나 수정란의 각 부위에서는 각각 다른 원형질과 핵의 특수 유전자 사이에 반응이 이루어지는 것이라면, 어떤 유전자들은 수정란의 특수 부위에서 더 영향을 받으며 다른 유전자들은 다른 부위에서 더 영향을 받을 가능성이 있다. 이 같은 견해는 배의 세포 분화를 설명하는 순전히 형식적인 가설도 낳게 한다. 즉 초기 발생 단계는 난의 국부적인 물질 조성이 결정한다.

그렇다면 첫 번째 유전자의 대응 산물은 그것이 위치한 세포의 원형질에 영향을 주는 것으로 볼 수 있다. 이 변화된 원형질은 이제 반대로 유전자에 작용하여 일련의 유전자 또는 다른 유전자군을 활성화시킬 것이다. 이것이 사실이라면, 이는 발생 과정을 유전학적으로 해석할 수 있는 모델이 될 것이다.

모건 교수가 컬럼비아 대학교를 떠나게 된 한 가지 이유는 정년이 얼마 남지 않았기 때문이었고, 이를 캘텍 측에서도 이해하고 있었다. 캘텍 총장 자신도 모건을 교수직에 임명했을 때 60세가 넘은 나이였다. 그의 계획은 연구와 행정에 추후 20여 년간 모건 교수를 초빙할 생각이었다. 원래 계약은 1933년까지 5년간 새로운 학부인 생물학부의 책임을 맡는 일이었고, 그 무렵이 되면 정년퇴직을 하거나 아니면 대학 측이 계약 연장을 할 수 있으리라고 추정했다. 그 후에도 모건 교수는 계속 계약 연장을 원했고, 대학 측은 학교의 명성을 높이는 일이었으므로 기꺼이 동의했으며, 다시 5년간 연장되었다. 1938년, 모건이 72세가 되자 다시 4년 교수 임용 계약이 연장되었다. 1942년 모건 교수는 76세가 되어서야 비로소 명예 교수 및 생물 학부 부장직에서 퇴임했다.

캘텍은 모건 교수의 자리를 비워 두었다. 스터트번트 교수가 1942년부터 1946년까지 생물 분과위원회의 책임을 맡았다. 1946년부터 1961년까지는 비들 교수가 책임을 맡은 후, 시카고 대학교 총장으로 떠났다.

모건 교수가 퇴직한 후에도 학교 내 연구실과 교수실은 유지되었다. 우드 홀의 모건 연구실도 캘텍 측이 구입해서 그의 지시대로 꾸민 코로나 델 만(Corona Del Man) 해양생물 연구소로 유지하고 있었다. 일요일이면 동료와 같이 한 시간 정도 자동차로 드라이브를 했으나 일주일의 나머지 6일은 연구실에서 지냈다.

모건 교수가 시작한 초파리 실험의 세계적 중심지는 컬럼비아에서 패서디나로 옮겨졌으나 나중에는 책임자 없이 유지되었다. 새로운 유전학 교과서는 스터트번트와 비들 교수가 집필하였으며 아주 훌륭한 교재로서 지금도 사용되고 있다. 그가 사망하기 바로 전, 홀데인 교수는 이 교과서를 고전 유전학 최상의 교재로 평가했다. 캘텍 유전학 연구실에서는 스터트번트, 브리지스, 릴리언 등이 여느 때와 마찬가지로 연구에 여념이 없었으나, 모건 교수는 그 무렵 다른 연구에 몰두하고 있었다. 아마 그의 의도는 행정의 책임을 맡음으로써 초파리 연구진이 유전학에 좀 더 큰 기여를 할 수 있으리라는 생각이었고, 앞으로의 연구 방향은 물리나 화학, 집단 유전학으로 추구되어야 한다고 믿었다.

그는 캘텍의 연구 방향에 이와 같은 기본 발판을 마련하였으나, 항상 만족스럽게 여기지 않았다. 스턴 교수는 캘텍의 세미나에서 번스타인(Bernstein)이 수학적으로 제시한 ABO 혈액형의 복대립 유전설을 모건 교수와 논의한 적이 있었다. 모건 교수는 수학을 사용하지 않고, 가계 분석에 의해서 같은 결론을 얻을 수 있는지 의문을 표시했다. 번스타인은 불가능하다는 답을 하였으나, 실제는 가능한 일이었다.

캘텍은 계속해서 세계적으로 유능한 과학자를 끌어모았다. 예를 들면 1937년 델브뤼크(Delbruck)가 팀에 합류했다. 나중에 그는 "캘텍을 선택하게 된 이유는 초파리 유전학의 중요성뿐 아니라 학문적인 흥미 때문이었다"고 말한 적이 있다.

브리지스와 스터트번트가 초파리 유전자 지도를 작성하고 있을 때, 비들은 붉은빵곰팡이를 실험 재료로 삼았고, 델브뤼크는 엘리스(Ellis) 덕분에 좀 더 작은 박테리오파지를 실험 재료로 선택했다. 모건 교수는 차츰 큰 생물을 재료로 사용했고, 특히 성의 분화와 재생에 흥미를 가지고 있었다. 그는 계절적으로 발생하는 도롱뇽의 2차 성징, 불가사리의 재생, 상이한 지리적 기원을 갖는 생쥐 계통 간 교배, 바다에서 서식하는 갑충류(Coptocycla)의 빠른 색깔 변화 등을 실험했다. 그의 마지막 연구는 맨 처음 연구와 같은 우렁쉥이류인 '축복받은 시오나(Ciona: 명문가의 자손)'였다. 하루는 시오나의 자가 불화합성 유전 인자를 설명하면서, 아마도 산성화된 바닷물이 자가 수정 억제를 극복할 수 있으리라고 언급했다. 강산보다는 약산이 이와 같은 목적에 적합하고, 실험실에 약산이 없다는 사실을 알고 나서는 도시락에서 레몬을 꺼내 즙을 만들어 시오나 난자가 있는 바닷물 용기에 첨가해 보기도 했다. 시오나의 자가 불화합성 인자를 연구하기 위해 그는 임종할 무렵까지 이와 같은 실험을 계속했다. 연구 결과 자가 불화합성 인자는 한 쌍 이상의 염색체에 한 쌍 이상 존재함을 발견했고, 불임 효과는 난자 주위의 단백질막에 의한 보호 작용 때문이라는 것을 알아냈다.

모건 교수는 많은 논문을 계속 발표했고, 마지막 두 권의 저서는 1930년대 초에 출판됐다. 발생학 및 유전학은 분리해서 취급할 수 있는 분야였다. 그 당시 시오나는 유전학 실험에 적합하지 않았고, 초파리는 발생학 연구에 적절하지 않았다. 1932년 발표한 『진화의 과학적 기초(The Scientific Basis of Evolution)』라는 저서에서는 수학적 방법을 전혀 사용하지 않았다. 그러나 이미 그 무렵은 홀데인, 피셔, 라이트에 의해서 생물 진화에 대한 형태적 서술보다는 수학적 방법에 의한 접근이 이루어지고 있었던 때였다.

모건 교수는 획득형질의 유전에 관해서 한 장을 배정했다. "한동안 그렇게 관심을 끌었던 진화 법칙에 대해서 그토록 많은 비판을 행하는 것은 이해하기 힘든 일이다. 만일 우리가 감정의 노예가 아니라면, 과학이 필요로 하는 정확한 방법을 모르는 사람들의 고집에 관계없이 치명적인 미신을 타파하는 것이 과학의 역할이 아니겠는지"라고 서술했다.

"사람에게는 두 가지 유전 현상이 있는데, 하나는 생식 세포를 통한 물리적 연속성, 다른 하나는 표현되는 언어에 의한 경험을 다음 세대로 전달하는 문화의 유전 현상이다." 이는 문화적 유전의 중요성을 강조하고, 우생학적 관점을 부정한 표현이었다. 즉 "모든 인간은 선천적으로도 본능으로도 자유로우며, 모든 사람은 자유의사에 따라 결혼할 수 있어야 한다"는 것이었다.

1934년에 출판된 2판에서는 진화론과는 아무 관련이 없는 그의 노벨상 수상 기념 연설 내용을 추가했다.

모건 교수는 여느 때와 마찬가지로 건강했으나, 1931년 가을 65세가 되었을 때 자동차 사고로 등에 앞 창문 유리 파편이 박히는 사고를 당했다. 근처를 지나가던 베이커(Baker)라는 이름의 의과대학생이 현장에서 유리 파편을 제거해 출혈을 막았다(훗날 베이커가 경제적으로 어려움에 처했을 때 익명의 장학금을 받은 적이 있었다. 마치 컬럼비아 대학교 생물학과 학생들이 익명의 장학금을 받은 것과 유사한 일이었다). 두 달 동안 모건 교수는 병상에서 고통과 출혈로 어려움을 겪었고, 그 후에도 1년 동안 연구를 중단할 수밖에 없었다. 그다음 몇 달 동안도 활동은 제한되었다.

모건 교수는 평생 동안 한 가지 만성 고질병인 십이지장 궤양을 앓고 있었다. 쫓기는 시간 중에도 강의는 계속했고, 초청 강사로 초대되면 높은 보수에도 불구하고 거절하는 일이 다반사였다. 언젠가 스탠퍼드 대학교에서 강연을 할 때 신경이 몹시 예민해지자 사위인 휘태커가 옆에서 위스키를 권했고, 따르는 족족 잔이 비워졌다. 휘태커가 다시 잔을 채우며 걱정스러워 하자 모건은 걱정할 필요 없다는 듯 말하며("나는 내 자신을 조절할 수 있어") 강연을 마치곤 했다.

모건 교수 자신은 긴장이나 육체적 고통을 말한 적이 없지만 그의 아내는 그의 식욕을 보고 학교에서 그날 무슨 일이 있었는지, 또 그의 신경성 위장 장애의 정도에 따라 그의 연구가 어느 정도 진전되는지를 추정할 수 있었다.

1945년 모건 교수는 심각한 고통을 겪게 되었고, 그럼에도 대수롭지 않게 받아들였다. 그러다가 11월에 출혈이 시작되었고, 패서디나에 있는 헌팅턴(Huntington) 기념 병원에 입원했으나, 12월 4일 동맥 파열로 사망했다. 시체는 화장되었고, 공적인 장례식은 거행되지 않았다. 단지 친구 몇 명만이 패서디나에 모였고, 컬럼비아에서도 비슷한 모임이 열렸다.

릴리언은 그의 죽음에 초연한 듯했다. 아들인 하워드와 딸인 이디스는 이미 결혼을 했고, 그 후 이디스는 물리 치료사 양성 학교에 복귀했다. 릴리언은 셰르프(Sherp)라는 과학자와 결혼했고, 그녀 자신은 의료 자원 봉사를 했다. 막내딸인 이사벨은 미생물학 전공 박사 학위를 취득하고 당시 볼티모어에서 소아마비 연구 계획에 참여했다. 이사벨은 1946년 원숭이에서 소아마비 면역을 가능하게 함으로써, 인간에게도 소아마비 면역 가능성을 연 이정표와 같은 연구 업적을 이룩했다. 릴리언은 이사벨과 몇 달 동안 같이 지낸 적이 있으나 딸의 결혼에 지장을 주지 않기 위해서 더 이상 같이 지내지 않았다(이사벨은 나중에 과학자인 마운틴과 결혼했고, 아들 짐을 양자로 입양했다).

릴리언은 캘텍에 있는 집으로 돌아온 후 그녀 자신의 연구를 계속했다. 1952년 그녀도 심각한 병을 얻게 되었으나 자녀들에 의해 강제로 의사를 바꿀 때까지 치료를 미루고 있었다. 그녀는 장암을 진단받았고 암은 곧 전이되었다. 그녀 자신은 고통에 민감하지 않았든가, 아니면 남편인 모건 교수를 닮은 탓이든가 고통스러워하지 않았다. 입원 중에 그녀는 마지막 논문을 발표했다.

임종을 앞둔 그녀는 의사가 마지막 남기고 싶은 말을 묻자 "더 이상 남길 말은 없어요. 진리는 이미 모두에게 닿아 있을 테니까요"라고 대답했다.

결론

알리스: 불가능이란 없다고 믿는다.

퀸: 너는 풋내기로구나.

- 데이비스 캐롤 -

전기란 필연적으로 한 인간의 천재성에 초점을 맞추지만, 인생은 매우 복잡하며 여러 가지 요인들이 서로 얽히며 일어난다. 아래의 성공 사례들은 모건이 주도적으로 이끌어 온 팀에서 한 일들이다. 모건 팀은 대담하면서도 단순한 실험을 통해 아래와 같은 훌륭한 일들을 이룩했다.

1) 염색체 속에 들어 있는 유전자의 물리적 실체를 밝혔다,

2) 멘델의 유전 법칙을 확고히 했다.

3) 멘델 법칙의 한 예외인 연관과 연관의 예외인 교차 및 재교차를 발견했다.

4) 유전자의 상대 위치를 결정할 수 있는 방법을 개발해 유전자 지도를 만드는 방법을 창안했다.

5) 성 결정은 염색체에 의해 이루어진다는 사실을 밝혀냈다.

6) 중복, 결실, 전좌, 역위, 상염색체, 3배체 및 부착 X 염색체를 발견했다.

7) 위치 효과, 한 유전자에 의한 다면 발현 효과, 단일 특성을 지배하는 복대립 및 다인자 유전을 발견했다.

모건이 유전학자로 기억되는 것은 결코 이상한 일이 아니다. 그러나 그는 자신을 '실험발생학에 흥미를 가진 실험동물학자'로 생각했다. 모건은 유전학 연구에 너무 바빠서 발생학의 기초를 정립하기 위한 연구를 등한시했으나 1904년과 1905년에 생리 구배 이론을 발표했다. 그는 분화의 두 가지 과정을 구별했으며, 형태 조절이라는 새로운 용어를 만들어 냈다. 그는 분화를 위해서 신경 조직의 존재가 필요하다는 사실을 밝혀냈으며, 분화가 조직의 적응 현상에 의한 것이 아님을 보여 주었다. 또한 난자의 발생에 영향을 미치는 인자들을 조사했다. 그는 정자가 들어가는 부위, 최초의 적도판 형성 및 궁극적으로 대칭인 적도판 사이의 상관관계를 측정했다. 그는 마그네슘이 단위 생식을 유도하며, 리튬염과 저온 및 무산소 상태가 기형 발생을 유발한다는 것을 발견했다. 그는 분리된 할구의 정상 발육을 보여 줌으로써 모자이크 이론이 잘못되었음을 반박했고, 유전자 활성의 조절 메커니즘에 대해 유전학적인 설명을 할 수 있어야만 발생 현상을 파악할 수 있음을 누구보다도 먼저 이해하고 있었다.

모건은 7년간에 걸친 각고의 노력 끝에 발생학 실험서를 출간할 정도로 발생학에 대단한 집념을 가지고 있었다. 그러나 그 책은 빛을 보지 못하고 사라지고 말았다. 실제로 모건이 이룩해 놓은 대부분의 발생학에 대한 연구 업적은 사장된 채 일반에게는 알려지지 않고 있다. 1966년 모건 탄생 100주년 기념 심포지엄에서 유명한 많은 과학자들이 유전학과 발생학에 관한 그의 논문을 발표했고, 그에게 존경과 찬양을 보냈음에도 불구하고, 그의 발생학 연구 결과에 관심을 가지는 사람은 별로 없었다. 그 이유는 모건이(이 책의 제목에서도 보여 주듯이) 유전학자로 더 큰 명성을 누렸기 때문이다. 선입견의 힘이란 실로 대단해서, 한번 인식이 되면 비록 틀린 것일지라도 잘 바꾸려 하지 않는 게 인간의 습성이다. 훌륭한 유전학자로 알려져 있는 모건은 비록 유전학에 대해 잘못된 의견을 말해도 받아들여지지만, 옳은 의견일지라도 발생학자로서의 의견은 인정되지 않는 그런 이치인 것이다. 비슷한 이유로 멘델의 업적도 무시당한 적이 있으며 (수도승이 과학에 대해 무엇을 알겠는가 하는 식으로), 개러드(Garrod)의 뛰어난 업적이 그렇게 오랫동안 빛을 보지 못한 이유(물리학자가 유전학을 얼마나 이해하겠는가?) 역시 마찬가지 맥락에서 이해될 수 있다.

모건은 선입견을 가지고 연구에 임해서는 안 된다고 생각하고 있었는데, 이러한 모건의 태도가 캘텍에서 놀랄 만한 성공을 얻을 수 있었던 원동력이었다. 그는 학문을 분과해서 발전시키는 것에 반대해 유전학, 동물학, 발생학 및 생리학을 통합했으며, 생물학에 다시 화학과 물리학을 첨가했다. 이러한 시도는 모건이 기초적인 지식도 없이 혼자서 간단한 기구로 수학이나 물리, 화학적인 실험을 즐겼음을 생각할 때 더욱 눈부신 업적이었다.

모건이 과학자로서 성공할 수 있었던 것은 행운이 뒤따랐을 뿐만 아니라 적절한 실험동물을 선택하고, 매사에 의문을 가지는 태도와 근면한 생활 습관을 가지고 있었기 때문이다. 그는 사소한 문제는 신경 쓰지 않았고 마음속에는 항상 중요한 의문을 간직하는 습관과 불가능에 도전하는 의지를 가지고 있었던 것 같다. 드리슈의 경우 난자는 둘로 분리할 수 있을 뿐만 아니라 분리된 각각의 난자는 완전한 배로 발생할 수 있다는 사실을 발견했을 때, 그 결과를 믿을 수 없다면서 신에 의지했기 때문에 발생학을 포기하고 말았다. 반면에 모건은 그러한 사실을 이해하기 어렵다고 인정했음에도 발생학에 더욱 집착을 보였다. 모건의 이러한 집착력은 젊은 발생학자인 닐(Neel)과 함께 우드 홀에 있을 때 일어난 일만 보아도 잘 알 수 있다. 초파리의 알라타체(내분비샘) 이식 실험을 할 때 닐은 매우 어려운 실험이라고 말했고, 그러자 모건은 자신의 생활신조 대로 "물론 어렵지. 그러나 불가능한 것은 아니야"라고 말했다.

이외에도 모건에 대한 인간미 넘치는 많은 이야기가 있는데, 이 작은 책을 통해서 그의 매력적이고 적극적인 인간성에 대한 이야기들이 다른 사람들에게 잘 알려졌으면 좋겠다. 모건을 알았던 모든 이들은 누구나 다 그가 좋은 사람이었다고 말한다. 그들은 빗질하지 않은 머리와 멜빵바지를 걸쳐 입은—허례허식이 없는—그의 모습을 좋아했다. 또 불가능에 도전하는 불굴의 의지와 다른 사람의 위압에 굴하지 않는 그의 태도를 좋아했고, 동료나 학생들에게 그들의 지위에 관계없이 항상 민주적인 태도로 대하는 그를 좋아했으며, 그의 소년 같은 정열과 유머 감각, 그리고 실험실에 있을 때는 항상 즐거워하는 그를 사랑했다. 그들은 연구소의 돈이나 공금은 철저히 아껴 쓰지만 자기 자신의 돈과 시간에 대해서는 관대한 그를 존경했다. 그는 자신의 실험실을 거쳐 간 과학자들 중에서 늘 마지막으로 기억에 남는 사람이었다. 그래서 훗날 패서디나에 있는 모건의 집을 비들이 구입했음에도 불구하고, 그 집은 항상 모건의 집으로 불렸다. 1948년 한 동료가 비들을 '대장'이라고 부르자 그는 많은 사람들로부터 비난을 받았다. 모건만이 그들의 '대장'이었던 것이다.

한 유럽인이 모건은 지적으로 뛰어나지 않다고 말한 적이 있는데, 이것은 켄터키 악센트를 가진 미국 발음에 익숙하지 않았기 때문일 것이다. 영국의 유전학자인 베이트슨은 그의 회고록에서 모건을 다음과 같이 회상했다. "민주주의는 등급을 정해 차별하는 것을 악마시 한다는 사실을 인식해야 한다." 베이트슨은 실험실에서 학생들이 모건과 동등한 입장에서 토론하는 것을 보고 놀랐고, 실험실에서 심한 냄새가 나는 것에 큰 충격을 받았다.

포드(Ford) 교수는 다윈의 아들인 레너드(Leonard)를 피카딜리(Picadilly)에서 만나, 1922년 베이트슨이 크리스마스 휴가를 마치고 컬럼비아의 초파리 실험실로 돌아온 직후에 그를 방문해 새로운 소식을 듣기로 합의했다. 베이트슨은 그들에게 모건이 옳았고, 자기가 일생 동안 모건을 비난해 왔던 일이 헛된 것이었다고 말했다. 그러나 후에 베이트슨은 모건의 실험실이 너무나 더러웠기 때문에 다시 모건을 비판하기 시작했다. 헉슬리는 모건 회고록을 미국 철학회지에 기고했는데 그 기고문에서 다음과 같이 쓰고 있다. "미국에서의 강의 여행 중에 모건이 죽은 후 가끔 그의 고향과 조상의 집을 방문한 적이 있는데 이들 유적들이 모건의 인격 형성을 설명하는 데 좋은 계기가 되었다." 헉슬리는 『유전의 물리적 기초(The Physical Basis of Heredity)』의 복사본을 소중히 간직하고 있다고 말했다.

헉슬리는 모건의 고향인 켄터키에 가야만 모건의 성격을 쉽게 이해할 수 있다고 말했다. 모건 가족은 남북 전쟁 때문에 노예와 같은 상황에 빠졌으나 죽지 않고 살아남았다. 렉싱턴의 별, 켄터키의 영웅 또는 남부 연합의 번개라고도 불렸던 모건의 아저씨는 모건의 생애에 큰 영향을 주었다. 모건의 아버지도 남부 연합 특공대 일원이라는 사실을 모건은 가족들에게나 친구들에게 말한 적이 없었다. 그곳을 방문한 사람들은 이러한 영웅적인 아저씨가 모건의 성격 형성에 커다란 기여를 했으리라고 쉽게 짐작할 수 있었을 것이다.

그러나 공적인 일이 모건의 가까운 가족 관계를 파괴했다. 그는 그의 아버지가 전쟁의 대가를 분명히 치렀다고 생각했고, 셔먼(Sherman)이 말했던 진리, 즉 "전쟁은 지옥이며 그 영광은 쓸데없는 쓰레기 같은 것"이라는 말을 마음속 깊이 음미했다. 1918년 광란의 제1차 세계대전 휴전 축하연에서 초파리 연구팀이 시내로 들어와 독재자의 인형을 만들어 화형식을 치를 때, 모건은 실험실에 남아 있었다. 그의 친구인 해리슨(Harrison)이 유전학자인 골드슈미트(Goldschcmidt)를 포함해 해리슨 부인과 다른 독일 시민의 석방을 요구하는 탄원서에 서명할 것을 요청했을 때도 모건은 이를 거절했다. 켄터키주의 학교에서 진화에 대한 교과목을 폐지하는 투표가 한 표 차로 좁혀졌을 때 모건은 사면초가에 놓인 대학 총장을 돕기 위한 명사 서명록에 서명하지 않았다.

모건은 그와 관계없는 일에는 관여하지 않았고, 어떠한 번잡한 일도 하지 않는 보수적인 사람이기도 했다. 그는 자신과 관계된 일들, 예를 들면 실험 생물학적인 발전, 순수 연구에 대한 추구, 젊은 과학자들을 올바른 방향으로 인도하는 일에 모든 것을 바쳤다. 그의 추모식에서 사람들은 비상식적이고 광적이며 바보가 정상인 시대에, 과학이라는 진실의 횃불을 든 사람으로서 그를 평가했다. 관찰에 기초한 가설만을 믿었던 그는 많은 자연의 신비를 밝혀냈으며, 독특한 사고 습성 때문에 감성주의자, 비국가주의자, 어떤 면에서는 광적이고 편파적인 사람으로 여겨지기도 했다. 모건은 한때 놀림을 받은 적도 있지만, 과학자로서 지도자로서 그리고 선생으로서 성공한 사람이었다. 모건은 한쪽으로 치우치지 않고 공정하며, 관대하고, 유머와 즐거움을 가지고 열정적으로 모든 일을 처리했기 때문에 독특한 방법으로 삶과 과학에 접근할 수 있었다.

◆

Thomas Hunt
Morgan

모건의 연대기

1866년 9월 25일 렉싱턴 지방의 호프몬트에서 출생

1880년 봄 켄터키 주립대학교에서 이학사 학위 취득

1885년 가을 존스 홉킨스 대학교 대학원 과정 입학

1888년 4월 존스 홉킨스 대학교 생물 연구실에서 수행한 「키틴(Chitin) 용
　　　　　　매들이 바퀴벌레 난각을 녹이는 조건」을 최초의 논문으로 출판

1888년 켄터키 주립대학교에서 이학 석사 학위 취득

1890년 봄 존스 홉킨스 대학교에서 박사 학위 취득

1890~1891년 존스 홉킨스 대학교에서 브룬 펠로우십(Brune Fellowship)을
　　　　　　받았으며, 그 기간 중 나폴리 동물학 연구소를 처음으로 방문

1891년 가을 브린 모어 여자대학의 생물학 교수로 부임

1894~1895년 브린 모어 여자대학으로부터 1년간의 휴가를 얻어 나폴리
　　　　　　동물학 연구소에서 드리슈 등과 공동 연구

1897년 『개구리 난자의 발생: 실험발생학 입문(The Development of the
　　　Frog's Egg: An Introduction to experimental Embryology)』(뉴욕: 맥밀란)
　　　을 첫 번째 저서로 출판

1901년 『재생(Regeneration)』(뉴욕: 맥밀란)을 컬럼비아 대학교 생물학 시리즈 제7권으로 저술

1903년 『진화와 적응(Evolution and Adaptation)』(뉴욕: 맥밀란) 저술

1904년 가을 컬럼비아 대학교 실험동물학 교수로 부임

1907년 『실험동물학(Experimental Zoology)』(뉴욕: 맥밀란) 저술

1908년 대학원생인 페인과 함께 연구용으로 실험실에 초파리를 도입해 돌연변이를 유발하려는 노력을 시작

1909년 미국 자연주의자 협회 회장에 당선

1910~1912년 미국 실험 생물학 및 실험 의학회 회장 역임

1910년 7월 22일 초파리에 관한 첫 번째 논문 「초파리에서 나타난 성연관 유전」을 『사이언스』(32: 120~122)에 출판

1911년 9월 10일 「멘델식 유전에서 짝짓기에 대한 무작위적 분리」 연구를 『사이언스』(34: 384)에 발표

1973년 『유전과 성(Heredity and Sex)』(뉴욕: 컬럼비아 대학교 출판부) 저술

1915년 스터트번트, 멀러, 브리지스와 함께 『멘델식 유전의 매커니즘 (The Mechanism of Mendelian Heredity)』(뉴욕: 헨리 홀트) 저술

1916년 『진화 이론에 대한 비평(A Critique of the Theory Of Evlution)』 (프린스턴: 프린스턴 대학교 출판부) 저술

1916년 브리지스와 함께 『초파리에서 나타난 성연관 유전(Sexlinked Inheritance in Drsophila)』(워싱턴 D.C.: 카네기 재단) 저술

1916년 브리지스와 함께 초파리에서 나타난 유전의 염색체론과 성 결정의

균형론에 대하여 보충적인 증거를 제공하는 비분리 현상에 관한 연구 결과를 출판

1919년 『2차 성징에 관련된 유전적 증거(The Genetic and the Operative Evidence Relating to Secondary Sexual Character)』(워싱턴 D.C.: 카네기 재단) 저술

1919년 실험 생물학에 관한 전공 논문으로 『유전의 물리적 기초(The Physical Basis of Heredity)』(필라델피아: 릴핀코트) 저술

1920~1921년 스탠퍼드 대학교에 초빙 교수로 방문

1922년 『병리학에 대한 유전학의 기여 가능성(Some Possible Bearings of Genetics on Pathoogy)』(랭커스터: 뉴에라 인쇄주식회사) 저술

1923년 『멘델식 유전의 메커니즘(The Mechanism of Mendelian Heredity)』 개정 증보판 출간

1923년 브리지스와 함께 초파리의 유전에 관한 일련번호 327번째 논문으로 『노랑초파리 제3염색체군의 돌연변이체 특징(The Third-Chromosome Group of Mutant Characters of Drosphila melanogaster)』(워싱턴 D.C.: 카네기 재단) 저술

1923년 멀러, 스터트번트, 브리지스와 함께 『유전학의 기본 과정을 위한 실험 지침서(Laboratary Directions for an Elementary course in Genetics)』(뉴욕: 헨리 홀트) 저술

1924년 『인간의 유전(Human Inheritance)』(피츠버그: 피츠버그 대학교 의과대학) 저술

1925년『진화와 유전학(Evolution and Genertics)』(프린스턴: 프린스턴 대학교
출판부) 저술

1925년 브리지스, 스터트번트와 함께『초파리의 유전학(The Genetics of
Drosophila)』(Bibliographoa Genentics 2: 1~262) 저술. 모건, 브리지
스, 스터트번트의 연구에 바친 이 학술지의 특별호는 초창기 카네
기 재단 출판물과 그 밖의 논문을 집대성한 편집물로 유전학자들
에게 바이블로 불림

1926년『유전자설(The Theory of the Gene)』(뉴 하번: 예일 대학교 출판부) 저술

1920년『발생의 유전과 생리(Geneyics and the Physiology of Development)』
를 제5회 윌리엄 톰슨 세지위크 기념 강연으로 발표(우드 홀: 해양생
물학 연구소)

1927년『실험발생학(Experimental Embrtology)』(뉴욕 : 컬럼비아대학교 출판부)
저술

1927~1928년 미국 국립과학아카데미 원장에 당선

1928년 캘리포니아 공과대학 생물학 부장으로 부임

1929년 미국 과학진흥연합회 회장에 당선

1929년『다윈설이란 무엇인가(What iS Darwinism?)』(뉴욕: W. W. 노튼) 저술

1932년『진화의 과학적 기초(The Scientific Basis of Evoltution)』(뉴욕: W. W.
노튼) 저술

1932년 제6차 국제 유전학 학술대회 의장에 당선

1933년 유전학자로서는 최초로 노벨 생리의학상 수상

1934년 6월 4일 스톡홀름에서 노벨상 수상 강연

1934년 『발생학과 유전학(Embryology and Genetics)』(뉴욕: 컬럼비아 대학교

　　　출판부) 저술

1939년 영국 왕립학회의 코플리 메달 수상

1942년 캘리포니아 공과대학에서 은퇴

1945년 12월 4일 패서디나에서 운명, 유해는 그곳에서 화장함

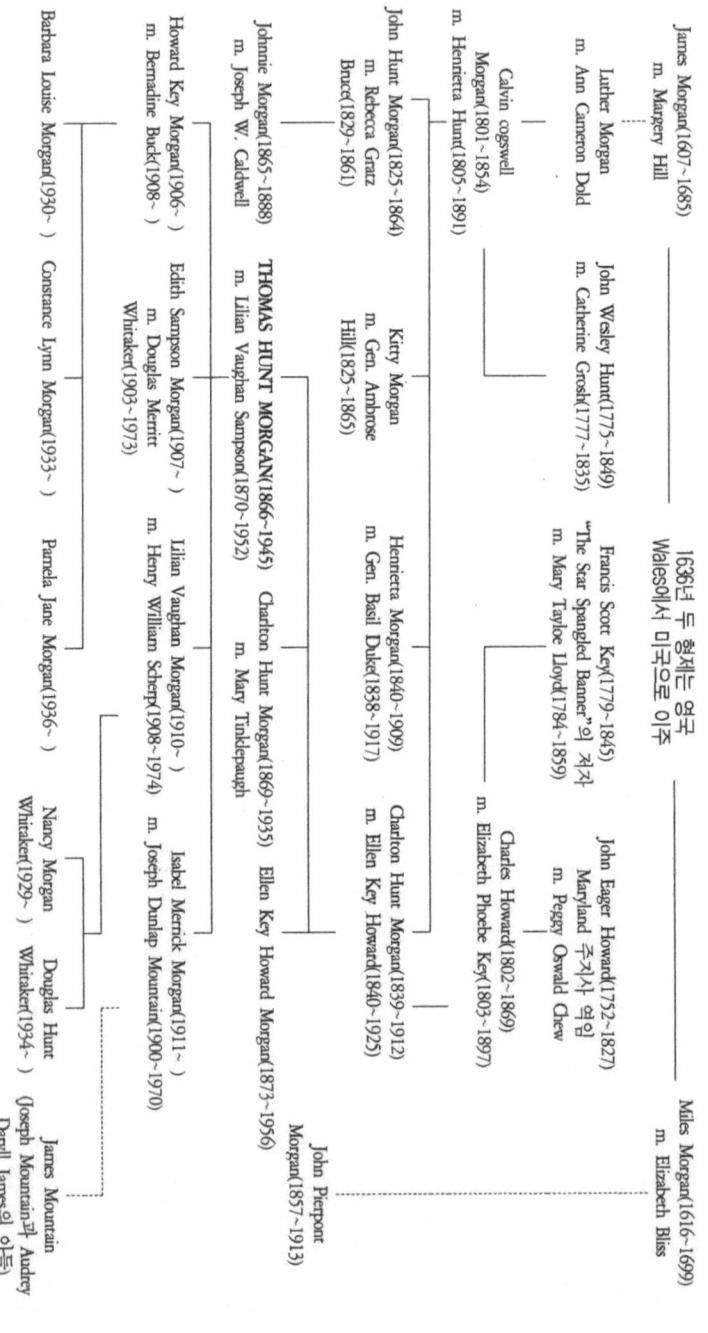

모건가의 가계도(1976년)

◆

Thomas Hunt
Morgan

전파과학사는 독자 여러분의 책에 관한 아이디어와 원고를 기다리고 있습니다. 디아스포라는 전파과학사의 임프린트로 종교(기독교), 경제·경영서, 일반 문학 등 다양한 장르의 국내 도서와 해외 번역서를 준비하고 있습니다. 출간을 희망하는 원고의 개요와 투고 취지, 연락처 등을 아래 이메일로 보내 주세요.

모건

유전학 최초의 노벨상 수상자

–

초판 1쇄 1996년 06월 05일
개정 1쇄 2025년 11월 25일

–

지 은 이 이언 샤인 · 실비아 로벨
옮 긴 이 한국유전학회
발 행 인 손동민
디 자 인 강민영

–

펴낸 곳 전파과학사
출판등록 1956. 7. 23 제 10-89호
주   소 서울시 서대문구 증가로18, 204호
전   화 02-333-8877(8855)
팩   스 02-334-8092
이 메 일 chonpa2@hanmail.net
공식 블로그 http://blog.naver.com/siencia

ISBN 979-11-94832-31-7 (03470)